C·H·Beck

PAPERBACK

29

W0109674

Wie kann man selbst dreistellige Zahlen, etwa 271, in kaum sieben Sekunden im Kopf quadrieren? Oder das furchteinflößende Produkt 396 · 178 mit ein paar schnellen Manövern brummschädelfrei austüfteln? Oder die mächtige Zahl 2 134 215 in einer einzigen Kurzzeile durch 9 dividieren? Oder den Wochentag von Heiligabend, Silvester und dem eigenen Geburtstag ohne Kalender einem staunenden Publikum verkünden? All das und noch viel mehr – darunter viele geniale Zaubertricks – erwartet Sie zwischen den beiden Deckeln dieses Buches. Zudem ist es auch für all jene gedacht und gemacht, die nicht nur ihre Kopfrechenkünste beschleunigen, ja auf Hochtouren bringen wollen, sondern sich für die Ideen hinter den Tricks interessieren, die das Verblüffende erst ermöglichen.

Christian Hesse hat an der Harvard-Universität in Cambridge, USA, promoviert und an der Universität von Kalifornien in Berkeley gelehrt. Seit 1991 ist er Professor für Mathematik und Statistik an der Universität Stuttgart. Im Verlag C.H.Beck sind von ihm u.a. erschienen: *Das kleine Einmaleins des klaren Denkens. 22 Denkwerkzeuge für ein besseres Leben* (⁴2013); *Warum Mathematik glücklich macht. 151 verblüffende Geschichten* (⁵2014); *Was Einstein seinem Papagei erzählte. Die besten Witze aus der Wissenschaft* (³2015); *Damenopfer. Erstaunliche Geschichten aus der Welt des Schachs* (2015).

Christian Hesse

MATHE TO GO

Magische Tricks für
schnelles Kopfrechnen

Verlag C.H.Beck

Für A und H und L

Wäre alle Welt auf meiner Seite,
ihr drei aber gegen mich,
hätte ich keine Chance.

1. Auflage. 2017
2. Auflage. 2018

Mit zehn Zeichnungen von Alex Balko

Originalausgabe
3. Auflage. 2019
© Verlag C.H.Beck oHG, München 2017
Satz, Druck und Bindung: Druckerei C.H.Beck, Nördlingen
Umschlaggestaltung: Geviert, Grafik & Typografie, Andrea Hollerieth
Umschlagabbildungen: © shutterstock
Autorenfoto: © Ivo Kljuce
ISBN 978 3 406 71385 9
Printed in Germany

www.chbeck.de

Inhalt

1. Check-in

Erst mal kann ich euch dazu gratulieren, dass ihr mit diesem Büchlein die richtige Entscheidung getroffen habt. Denn das hier ist
nicht Mathematisch-Sibirien. Nein, das ist es nicht. Denn Mathematisch-Sibirien ist der zähflüssige Denkschlamm regalmeterwei-
ser Beweise, ausgebreitet über actionarme Buch-Doppelseiten. Ich
bin gegen sibirische Eiseskälte, weil's mich schnell fröstelt. Und ich
bin gegen Permafrost. Ohne Grund. Und gegen Permafrost im
Denken erst recht.

Das hier ist Mathematisch-Kalifornien. Denn dort ist ein Teil
des Buches entstanden. Ich hoffe, dass man ihm die Leichtigkeit
der Stimmung anmerkt, in der ich war, als ich daran schrieb. Som-
mer, Sonne, Küste, Cabrio, dieses Buch – und ihr habt genau die
Good Vibrations für das, was ich euch vorstellen möchte: Mathe
für nette Leute, die manchmal «Mathe ist zu schwer für mich» sagen.

Apropos: Vorstellen möchte ich euch auch Ashleigh Brilliant. Er
war in den 60er und 70er Jahren der Straßenphilosoph der Hippie-
Bewegung, die im Haight-Ashbury-Distrikt von San Francisco
ihren Anfang nahm. Mit Gleichgesinnten charterte er damals ein
größeres Schiff, taufte es in *Floating University* um und umkreiste
seemännisch den Globus. Zweimal. An Bord lebte man den Groove
von Peace, Love & Music, machte bewusstseinserweiternde Erfahrungen aller Art. Tägliche Teach-ins sorgten für die geistige Erbau-
ung, und man ging mal hier, mal dort vor Anker, um mit dem eigenen Lebensstil für die Ortsansässigen die Welt zu verbessern.

Heute wohnsitzt der stark 80-jährige Hippie-Veteran im kalifor-
nischen Santa Barbara. Er lebt vom Erlös seiner gut zehn Tausend
Aphorismen, die er im letzten Halbjahrhundert verfasst hat, im
Schnitt einen alle zwei Tage. Das *Wall Street Journal* nannte ihn ein-

mal den «einzigen professionellen Vollzeit-Aphoristiker der Welt-geschichte, der von seinen Einzeilern leben kann».

Ashleighs Aphorismen oder *Brilliant Thoughts,* wie sie auch genannt werden, bestehen aus nie mehr als 17 Wörtern, was eine Reverenz an die japanische Haiku-Tradition ist und auch Ausdruck der Erfahrung, dass er eh nie mehr als 16 Wörter für seine Epigramme benötigt, aber ein weiteres Wort als Reserve für Notfälle beanspruchen möchte.

Santa Barbara ist in den letzten Jahren zu meiner zweiten geistigen Heimat geworden. Seit 2012 konnte ich, verteilt über mehrere Gastaufenthalte, rund ein Jahr lang an der Pazifikküste leben und arbeiten. Das intellektuelle Klima an der dortigen University of California ist weit inspirierender für meine Forschungen als häufig andernorts.

Wenn Ashleigh Brilliant davon hört, dass ich in Santa Barbara bin, wiederholt sich ein mir lieb gewordenes Ritual: Wir telefonieren und er lädt mich in sein Haus in der Vine Street ein. Wenn ich ihn besuche, plaudern wir ein bisschen über das, was wir seit unserem letzten Treffen erlebt haben. Früher oder später fragt er mich nach meinem aktuellen Buchprojekt. Wenn ich ihm davon erzähle, dauert es nicht lange, bis wir uns für ein gemeinsames Brainstorming an seinen Schreibtisch setzen, um für das jeweils aktuelle Projekt, beim letzten Mal war es das euch vorliegende mit seinem damaligen Arbeitstitel *Mathe mit Tempo,* einen griffigen Satz zu basteln. Dieses Buch ist ein Schnellkurs im Schnellrechnen. Was wir uns dafür ausdachten, lautet:

How to calculate and not be late

Die folgende Abbildung zeigt das Blatt mit unseren diversen Anläufen, Abbrüchen, Sackgassen und Zwischenstationen in Ashleighs Handschrift.

Danach dauerte es noch ein ganzes Jahr, bis das Buch fertig wurde. Denn ich wollte es so gut machen, wie es mir möglich war. Begonnen hatte das Projekt vor langer Zeit, im Frühjahr vor zwei Weltmeisterschaften. Die Arbeit daran hat noch mehr Spaß ge-

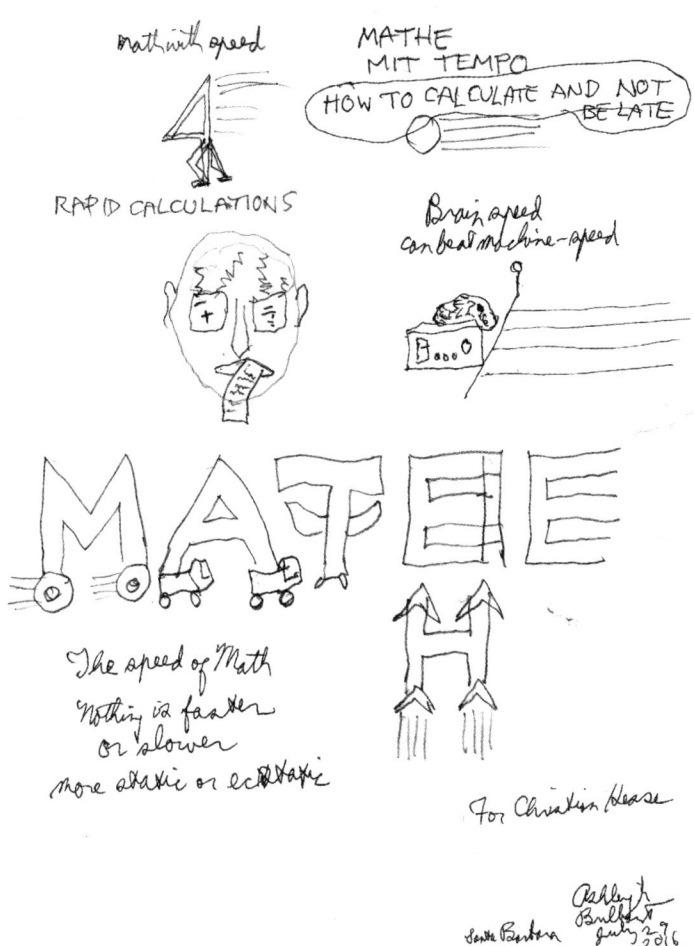

Versuche und Fehlversuche von Ashleigh Brilliant und dem Autor

macht, als ich es für möglich gehalten habe. Wenn eure Hochstimmung beim Lesen nur halb so hoch ist wie meine beim Schreiben, dann werdet ihr blitzschnelles Kopfrechnen als Speed-Dating mit Zahlen fortan noch cooler finden als jedes angesagte Konzert jedes angesagten Entertainers. Or your money back!

2. Warm-up

Mathe ist Kunst. Die Kunst des Denkens. Als Mona Lisa unter den Wissenschaften ist sie nicht per se die Kunst des Rechnens. Nicht einmal die Arithmetik, also die Rechenkunst, ist die Kunst des Rechnens. Pointierter könnte man mit einer guten Portion Zen sogar sagen, dass die wahre Rechenkunst darin besteht, Rechnen durch Denken weitgehend überflüssig zu machen.

Clever Carl

Ein schönes Beispiel zeigt sich in einer Geschichte, die vom irgendwann auch mal sehr jungen Carl Friedrich Gauß handelt, dem späterhin größten Mathematiker aller Zeiten.

Gauß wurde am 30. April 1777 in Braunschweig geboren. Sein Vater arbeitete dort als Gassenschlächter und seine Mutter war Hausfrau. Als der kleine Gauß gerade erst sieben Jahre alt war, da stellte sein Schullehrer einmal der Klasse die Aufgabe, alle ganzen Zahlen von 1 bis 100 zu addieren. Sinn und Zweck und Ziel der Übung war es, die Schüler für eine Weile zu beschäftigen. Diese Weile erstreckte sich beim cleveren Carl Friedrich jedoch nur über ein paar Sekunden, denn schon nach dieser Zeitspanne hatte er die Summe 5050 auf seine Schiefertafel gekritzelt und diese mit den Worten «Ligget se!» auf des Lehrers Pult gelegt.

Als Gauß dem Lehrer seine Denkweise später erklärte, erkannte dieser, dass er es mit einem außergewöhnlichen Schüler zu tun hatte. Gauß zeigte schon in diesem frühen Alter jene ans Fabelhafte grenzende Intuition, die ihn sein ganzes Leben nicht mehr verlassen sollte.

Wie hatte er's gemacht?

Nun, er hatte sich die Aufgabe zuerst einmal noch komplizierter gemacht, indem er nicht nur die Hundert Zahlen, sondern zwei Hundert Zahlen addierte. Mit einem meisterlichen Kunstgriff schrieb er gedanklich untereinander:

1	+	2	+	3	+	4	+	...	+	98	+	99	+	100
100	+	99	+	98	+	97	+	...	+	3	+	2	+	1

Und dann hat er nicht zeilenweise addiert, sondern spaltenweise. Weil in jeder Spalte dieselbe Summe von 101 auftritt, brachte ihm diese Richtungsänderung eine famose Vereinfachung, die seine lange Zahlenkolonne fast bis zum Verschwinden eindampfte. So bekam er 100 Mal die Teilsumme 101 und damit die Zahl 10100, die er nur noch halbieren musste, da er ja jeden Summanden doppelt eingebracht hatte.

Wir sehen also, dass die doppelt diffizile Aufgabe extrem viel leichter zu lösen ist. Interessanterweise zeigt sich dieses seltsame Phänomen, dass ein schwierigeres Problem leichter zu bewältigen ist als ein leichteres, in mancherlei Problemzonen der Mathematik. Entsprechend kann eine stärkere und damit allgemeinere Aussage unter Umständen bequemer zu beweisen sein als eine weniger allgemeingültige.

Der Mathematiker George Pólya hat das als *Paradoxon des Erfinders* bezeichnet und sich damit auf die gelegentliche Erfahrung bezogen, dass eine vermeintlich kompliziertere Aufgabe, die deshalb eigentlich mehr Erfindungsgeist erfordern sollte, überraschenderweise weniger hartnäckigen Widerstand leistet.

Daraus ergibt sich ein Machbarkeitstipp fürs Ermöglichen scheinbarer Unmöglichkeiten:

Wenn du irgendetwas nicht durchführen kannst, dann versuche doch einmal, etwas darüber Hinausgehendes, noch Großartigeres, noch Schwierigeres durchzuführen. Es könnte leichter sein.

Kennt ihr Beispiele dafür aus eurem Erfahrungsschatz?

Ich kann eines aus meinem eigenen Fundus beisteuern: Für mich persönlich ist es leichter, statt nur einen Kasten Mineralwasser gleich zwei zu schleppen, wegen der Balance.

Im übertragenen Sinn ist auch die Idee vom kleinen Gauß eine

Analogie zur Wasserkasten-Idee. Gauß verdoppelt scheinbar seine Mühe, doch wegen der Balance ist das Doppelte auch für ihn viel einfacher zu stemmen.

Bereits im Alter von einem halben Dutzend Jahren wirkte also der später gigagroße Denker geistig schon wie ein gewaltiger Carl Friedrich.

Fesch, gell?

Auch mal selber so was machen wollen?

Gut, auf die Antwort hatte ich gehofft. Dann seid ihr hier richtig. Denn Mathematik ist auch die Wissenschaft der besseren Befriedigungen. Schön, dass ihr Lust darauf habt. Und ich bin mir sicher, dafür reicht euer Können gut aus. Den Rest überlasst getrost mir. Wir werden es gemeinsam machen. Die Seiten dieses Buches sind gespickt mit reizvollen Anreizen für Mitmach-Mathematik.

Und so soll's damit auch gleich schon losgehen. Beginnen wir mit einem Warm-up. Oder wenn ihr so wollt: mit der ersten unangekündigten Lernkontrolle, hier in Gestalt der Frage:

Könnt ihr mit der Gauß-Idee alle Zahlen in der Multiplikationstabelle des Kleinen Einmaleins aufaddieren? Hier ist die Tabelle, die ich meine:

1	2	3	4	5	6	7	8	9	10
2	4	6	8	10	12	14	16	18	20
3	6	9	12	15	18	21	24	27	30
4	8	12	16	20	24	28	32	36	40
5	10	15	20	25	30	35	40	45	50
6	12	18	24	30	36	42	48	54	60
7	14	21	28	35	42	49	56	63	70
8	16	24	32	40	48	56	64	72	80
9	18	27	36	45	54	63	72	81	90
10	20	30	40	50	60	70	80	90	100

Ich bin mir sicher, ihr könnt das! Und zwar alleine.

Machen wir's trotzdem gemeinsam.

In der ersten Zeile der Tabelle stehen die Zahlen von 1 bis 10.

In der zweiten Zeile stehen die Doppelten der Zahlen von 1 bis 10.

In der dritten Zeile stehen die Dreifachen der Zahlen von 1 bis 10.

In der zehnten Zeile stehen die Zehnfachen der Zahlen von 1 bis 10.

Also dann:

In der ersten Zeile ist die Summe der Zahlen die Hälfte von $10 \cdot 11$, also 55.

In der zweiten Zeile haben wir das Doppelte dieser Zahl 55, also $2 \cdot 55$.

Und in der n-ten Zeile das n-Fache dieser Zahl 55, also $n \cdot 55$.

Der doppelte Gauß

In allen 10 Zeilen zusammen haben wir das $(1 + 2 + 3 + \ldots + 10)$-Fache von 55. Und die Zahl in Klammern ist auch wieder genau die, die wir gerade eben ausgerechnet haben: 55. Wir haben den kleinen Gauß damit zweimal angewendet.

Insgesamt kommen wir auf **$55 \cdot 55 = 3025$** als Lösung.

Das Ergebnis dieser letzten Multiplikation flackerte innerhalb von drei Sekunden in meinem Arbeitshirn auf, aber nur, weil ich einen Trick kenne, der zweistellige Zahlen hurtig quadriert. Und bald kennt ihr ihn auch. Es ist einer der Tricks, den diese Buchseiten für euch im Sortiment haben.

Ich finde es extrem reizvoll, solche und noch viel kompliziertere Rechnungen blitzschnell im Kopf zu managen. Und zwar unplugged. Ganz ohne Hilfsmittel.

Ist es nicht ultra-cool, selbst dreistellige Zahlen wie 271 in kaum sieben Sekunden im Kopf zu quadrieren? Oder das furchteinflößende Produkt $396 \cdot 178$ mit ein paar schnellen Manövern brummschädelfrei auszutüfteln? Oder die mächtige Zahl 2 134 215 in einer einzigen Kurzzeile durch 9 zu dividieren? Oder den Kehrwert von 19 Dezimale für Dezimale aus dem Oberstübchen herausplätschern zu lassen? Oder den Wochentag von Heiligabend, Silvester und irgendeinem Geburtstag ohne Kalender einem staunenden Publikum zu verkünden? All das findet ihr zwischen den zwei Deckeln hier.

Also Zahlen. Eines ist klar: Zahlen beherrschen die Welt. Sie waren natürlich nicht immer da. Nicht von Anbeginn. Sie wurden erfunden. In der Geschichte des Denkens hat keine andere Erfindung eine ähnlich große Bedeutung oder vergleichbar gewaltige Auswirkungen gehabt.

Wo Zahlen sind, ist es bis zum Rechnen mit ihnen nicht weit. Rechnen ist immer und überall. In allen Ecken und Nischen des ganz normalen Alltags kommt es vor, schnell mal etwas ausrechnen zu müssen. Und nicht immer ist ein Taschenrechner, ein Smartphone oder ein dienstbarer Rechenkünstler in Reichweite. Tricks wie die vom kleinen Gauß, die langwierige und nicht zuletzt langweilige Rechnungen überflüssig machen, gibt es zum Glück zuhauf. Dahinter steckt so manche bezaubernde Idee. Hemmungslos übersprudelnd randvoll damit ist dieses Buch: Sündhaft gute, kriminell schnelle Kniffe für vorm Kamin und außer Haus gibt's zu bestaunen. Für on the road und für daheim. Und überhaupt: für die Schule. Besonders für die Schule. Viele dieser Kniffe sind zudem intellektuell verblüffend.

Noch verblüffender aber ist: Während Gauß seine Idee selbst entwickeln musste, um eine öde Kalkulation auf zwei simple mentale Kniffe herunterzutrimmen, muss man die Ideen für die genialen Rechentricks dieses Buches nicht selbst haben. Ja, nicht einmal verstehen muss man die Finessen, um superschnell mit ihnen hantieren zu können. Auch muss nicht erst lang und breit bewiesen werden, warum sie funktionieren. Das haben schlaue Köpfe unter den alten Griechen, Römern, Babyloniern schon vor vielen Jahrhunderten für uns erledigt.

Und so können wir uns in diesem Buch auf die geradezu magisch anmutenden Manöver zum Vereinfachen, Erleichtern und Beschleunigen rustikaler Rechnungen konzentrieren. Und überlassen die Beweise den Mathematikern.

Trotzdem ist das Buch auch für all jene gedacht und gemacht, die sich für die Ideen hinter den Tricks interessieren. Jeder neue Rechentrick ist auch eine schöne neue Gelegenheit für Gelegenheitsmathematiker, auszuknobeln, warum das hinhaut.

Schneller Mathe war nie

Daher lade ich zu diesem Buch nicht nur all diejenigen ein, die ihre Kopfrechenkünste beschleunigen, ja auf Hochtouren hochtunen wollen. Sondern auch jene, die den Ideen nachspüren möchten, die das Verblüffende erst ermöglichen. Beides hat seinen eigenen Reiz.

Immer noch unsicher, ob dieses Buch das richtige für euch ist?

Dann gibt es hier einen Schnelltest zur Entscheidungserleichterung. Zwei kleine Kunststücke als Überlegungshilfe.

Wie viel ist **18 · 11?**

Dafür existiert natürlich eine schriftliche Methode, die in der Schule eingepaukt wird. Aber die folgende Abkürzung und die meisten Finten dieses Buches finden sich nicht in den Lehrplänen deutscher Lehranstalten:

Um 18 mit 11 zu multiplizieren, addiere man die Ziffern 1 und 8 der Zahl 18, was 9 ergibt, und schreibe die 9 zwischen die 1 und die 8. Das war's:

$$18 \cdot 11 = 198$$

Lässig, oder?

Also, wenn ihr diese List nicht lässig, locker und leicht findet, dann kenne ich euch nicht mehr!

Und dann ist dieses Buch nicht das richtige für euch.

Und wo wir gerade bei der Multiplikation mit 11 sind, gibt's gratis noch einen schönen Zaubertrick obendrauf:

Zaubernde Mathematik

Ein Zauberer, zum Beispiel ihr, reicht einem Mitspieler, zum Beispiel mir, aus dem Publikum einen Zettel, auf dem zehn von 1 bis 10 durchnummerierte Linien eingezeichnet sind. Ihr bittet den Mitspieler, sich zwei beliebige einstellige Zahlen auszudenken und diese auf die 1. und 2. Linie zu schreiben sowie anschließend auf jede der folgenden Linien die Summe der Zahlen der beiden vorhergehenden Linien. Die Summe der Zahlen auf der 1. und 2. Linie kommt also auf Linie 3. Auf Linie 4 kommt die Summe der Zahlen auf den Linien 2 und 3. Und so geht es weiter bis zur 10. Linie.

Ist das getan, seht ihr euch die ganze lange Zahlenkolonne für nur eine Sekunde an und teilt dem Publikum die Summe aller zehn Zahlen mit. Der Publikumsmitspieler rechnet nach, am besten mit Taschenrechner, und bestätigt zum Erstaunen aller euer Ergebnis. Als weiterer Steigerungsakt präsentiert ihr einen schon vor dem Trick verschlossenen Briefumschlag. Ihr erwähnt, dass dieser einen Zettel enthält mit dem Quotienten der Zahl auf Linie 10, geteilt durch die Zahl auf Linie 9, mit zwei Nachkommastellen. Der Umschlag wird geöffnet und enthält tatsächlich die vom Mitspieler als richtig überprüfte Zahl 1,61.

Der Trick hat meistens eine verblüffende Wirkung und nur die allerwenigsten werden ihn auf Anhieb durchschauen. Dabei ist die Durchführung für euch als Zauberer denkbar einfach. Bei eurem kurzen Blick auf die Zahlenkolonne solltet ihr auf Linie 7 schauen. Die Gesamtsumme aller zehn Zahlen in der Zahlenkolonne ist das 11-Fache der Zahl auf Linie 7. Und für die Multiplikation mit 11 haben wir ja gerade eben einen Schnellrechentrick kennengelernt.

Ferner ist der Quotient der Einträge auf den Linien 10 und 9 bis auf zwei Dezimalen immer gleich 1,61. Und zwar ganz egal, welche beiden Zahlen anfangs gewählt wurden.

Beide Eigenschaften hängen damit zusammen, dass es sich bei der Zahlenkolonne um die ersten zehn Fibonacci-Zahlen handelt. Diese Art von Zahlenreihe entsteht immer dann, wenn ausgehend von zwei Anfangswerten jeder jeweils nächste Wert durch Addition der beiden direkt vorhergehenden gebildet wird. Der Quotient aufeinanderfolgender Werte der Fibonacci-Folge nähert sich sehr schnell der Zahl 1,618… an. Das ist eine berühmte Zahl. Fast so berühmt wie die Kreiszahl Pi. Sie wird als *Goldener Schnitt* bezeichnet.

Fassen wir zusammen:

Mathe mit Tempo spart Zeit. Da stellt sich die Frage: Was machen wir mit der durch Schnellrechnen gewonnenen Zeit?

Zum Beispiel können wir Strategie 10 aus Li Zhous Vortrag über Problemlösungsstrategien beherzigen. Sie lautet:

Nach der schönen Lösung einer schweren Aufgabe genehmige dir einen coolen Drink.

Mein Merksprüchlein dazu: Think & Drink!

In der ersten Zeichnung, hinter dem Schreibtisch sitzend, begegnen wir auch Herrn K, der mich schon seit vielen Jahren durch viele Vorlesungen und manche Bücher begleitet hat, um immer mal wieder etwas klarzustellen, zu erläutern oder einfach nur da zu sein. Und genauso, wie man in der Mathematik immer mal wieder für ganz verschiedene Zwecke eine Funktion f braucht oder eine Variable x, einen Winkel α, eine Matrix A, so auch des Öfteren einen Herrn K.

Sich beim Mathe-Treiben treiben lassen

Was passt besser zu schnellem Kopfrechnen als ein langsamer Cocktail, der den Denkapparat in Kontakt bringt mit allen fünf Körpersinnen? Er liefert die Synergie von Kopf und Körper. So lässt sich schnelle Mathematik unschwer schmecken, und mit einem Slow-Drink kann man sie sich entsprechend langsam auf der Zunge zergehen lassen.

Nach vollbrachtem Einstieg ins Buch können wir uns also unserem Lieblingsgetränk widmen. So kurz vor Mitternacht ist das bei mir ein *Double Rainbow*.

Der Double Rainbow Yamazaki

Zutaten:
2 Teile Orangensaft
1 Teil Zitronensaft
3 Spritzer Grenadine
Und jetzt für alle Fälle eine Fallunterscheidung:
(die Version für praktizierende Jugendliche) 1 Teil Sodawasser
(die Version für Absolut-Erwachsene) 1 Teil Yamazaki-12-Whisky
Regenbogen-Eiswürfel

Herstellung:
Um Regenbogen-Eiswürfel zu kreieren, entsaftet bunte Früchte eurer Wahl, mischt den jeweiligen Saft mit etwas Limonade und gebt die verschiedenfarbigen Flüssigkeiten in die Fächer eures Eiswürfelbereiters im Gefrierfach des Kühlschranks. Für die verschiedenen Farben eignen sich: Erdbeeren (Rot), Pfirsiche (Orange), Ananas (Gelb), Kiwi (grün), Heidelbeeren (blau), Brombeeren (violett).

Nehmt ein vorgekühltes Longdrinkglas, füllt es mit den Eiswürfeln in Regenbogen-Reihenfolge, je 2 Eiswürfel pro Farbe. Die Zutaten Orangensaft, Zitronensaft und Sodawasser zusammen mit 3 Eiswürfeln in einen Shaker geben, gut schütteln und durch ein Barsieb in das Longdrinkglas seihen. Anschließend die Grenadine dazugeben.

Für Erwachsene wird das Sodawasser einfach durch Yamazaki 12 ersetzt, einen zwölf Jahre alten japanischen Whisky. Er ist mild und frisch und hat ausgeprägte Fruchtaromen, die an Aprikose und Pfirsich erinnern.

Und schon haben wir mit dem Yamazaki 12 ein Element des Zen in unseren Cocktail eingebracht.

Wird der Cocktail um den Yamazaki 12 gebaut, ist es unbedingt nötig, vor der Zugabe ins Glas an dem edlen Whisky zu schnuppern. Mich erinnert er daran, wie ich vor Jahren Japan besuchte. Seine fruchtige Ausstrahlung ruft mir das Bild in den Kopf, wie ich mich damals in Tokio in einem Park mit Kirschbäumen von einem arbeitsreichen Tag ausruhte. Wie das Licht der Sonne durch die Zweige der Bäume fiel und interessante Schatten warf. Unter anderem auf ein eisernes Gestell, das jemand aus der üblichen Verzweiflung heraus montiert, blau-rot angestrichen und als Kunst deklariert hatte. Wie ich in der nahen Ferne gerade noch das Plätschern eines Baches hörte und einige Menschen dabei beobachtete, wie sie sich in das Kondolenzbuch für einen Verstorbenen eintrugen.

In Japan braucht jeder Cocktail eine Story. Das ist meine Story für den Yamazaki 12. Ein Haiku in Story-Form.

Wie fühlt sich das Buch an? Was haltet ihr davon?

Habt ihr Lust und seid dabei?

Na, dann legen wird doch gleich los!!

Cheers.

Aber nicht mit einem weiteren Drink. Erst etwas thinking, dann etwas drinking.

3. Wie anfangen?

Wie lange der Mensch schon rechnet, ist nicht bekannt. Klar aber ist, dass, bevor das Rechnen mit Zeichen und Zahlen begann, Menschen sich gegenständlicher Darstellungen oder realer Objekte bedienten. Etwa der Finger.

Der Finger-Abakus

Bereits in der ägyptischen Pharaonenzeit, im alten Persien und im antiken Griechenland wurde mit Fingern nicht nur gezählt, sondern auch gerechnet. Im Römischen Reich erreichte das Fingerrechnen einige Jahrhunderte nach der Zeitenwende seine Blüte. Genutzt wurde es insbesondere von Kaufleuten. Die Regeln der Finger-Arithmetik wurden kaum aufgezeichnet, sondern vererbten sich durch praktischen Gebrauch.

Das erste bekannte Werk, das sich mit den Regeln des Fingerzählens und -rechnens befasst, stammt vom Benediktinermönch Beda Venerabilis, der von 673 bis 735 lebte. Sein Buch mit dem Titel *De temporum ratione* (auf Deutsch: Über die Zeitrechnung) beschäftigt sich mit Kalendermathematik wie etwa der Datierung des Osterfestes.

Auch der italienische Rechenmeister Leonardo di Pisa (ca. 1170–1240), genannt Fibonacci, befasst sich in seinem Hauptwerk *Liber abaci* (Buch der Rechenkunst) von 1202 unter anderem mit arithmetischen Fingerfertigkeiten. Erst allmählich wurde das Fingerrechnen durch die zunehmende Verbreitung der indoarabischen Zahlen und die schrittweise Entdeckung von einfachen Rechenregeln für dieses Zahlensystem verdrängt.

Noch im frühen 17. Jahrhundert war es nicht ungewöhnlich, für

einfache Multiplikationen bis hin zu $5 \cdot 5$ die Lösungen in Multiplikationstabellen abzulesen. Für Produkte etwas größerer Zahlen wurden die Finger eingesetzt. Es gibt eine Finger-Methode, die auch heute noch von einigen französischen und russischen Bauern angewendet wird und schon im späten Mittelalter in Italien bekannt war. Dieser Finger-Abakus wurde als *regula ignavi* bezeichnet, was so viel heißt wie Faulenzer-Regel. Mit ihm kann man Zahlen von 6 bis 10 multiplizieren. Das geht so:

Man subtrahiere 5 von jeder Zahl und strecke an beiden Händen jeweils die Anzahl der verbleibenden Finger hoch. Im Fall der Multiplikation $8 \cdot 6$ sind das zum Beispiel an der linken Hand 3 Finger und an der rechten Hand nur 1 Finger. Beginne nun mit so vielen Zehnern, wie die Summe der gestreckten Finger beider Hände anzeigt. Bei $8 \cdot 6$ sehen wir insgesamt vier gestreckte Finger, also 4 Zehner. Das macht 40. Dazu addiere so viele Einer, wie das Produkt der gebeugten Finger beider Hände ergibt. Es sind $2 \cdot 4 = 8$ Einer, die zu den 4 Zehnern hinzukommen. Im Ergebnis kommen wir auf $40 + 8 = 48$. Stimmt!

Ein Ein-Finger-Abakus

Hier eine kleine Zugabe für Erstklässler, die eine Zahl von 1 bis 10 mit der Zahl 9 multiplizieren wollen. Sagen wir: die Zahl 7.

Man halte zuerst beide Hände mit allen Fingern ausgestreckt nebeneinander, die Handinnenseiten nach oben. Nun wird der 7-te Finger von links nach innen gebeugt. Das Rechenergebnis von $7 \cdot 9$ ist dann durch die Stellung der zehn Finger repräsentiert. Es kann abgelesen werden, wenn der gebeugte Finger als Grenze zwischen den Zehnern links davon und den Einern rechts davon angesehen wird. Da für die Rechnung $7 \cdot 9$ der 7-te Finger von links gebeugt ist, werden von ihm 6 Zehner zur Linken und 3 Einer zur Rechten voneinander getrennt. Das Ergebnis ist demnach 63. Das ist klassisch-erstklassig und erstklässlich richtig.

Fortgeschritten fingerfertig

Der Finger-Abakus ist auch einsetzbar, wenn zwei Zahlen aus der Menge 10, 11, 12, 13, 14, 15 miteinander multipliziert werden sollen. Im ersten Schritt werden von jedem Faktor 10 subtrahiert und die sich ergebenden Zahlen wieder an beiden Händen durch das Strecken von Fingern dargestellt. Die übrigen Finger müssen gebeugt werden. Bei der Multiplikation von 13 mit 12 sind an der linken Hand 3 Finger und an der rechten Hand 2 Finger gestreckt. Um das Produkt zu erhalten, muss man sich nur mit den gestreckten Fingern beschäftigen. Und zwar addiert man zur Zahl 100 so viele Zehner, wie die Summe der gestreckten Finger ergibt $(3 + 2 = 5)$, und so viele Einer, wie das Produkt der gestreckten Finger beider Hände ergibt $(3 \cdot 2 = 6)$. Ergebnis somit 156.

Jetzt zeige ich noch, wie der Finger-Abakus für den Bereich von $16 \cdot 16$ bis $20 \cdot 20$ eingesetzt wird. Nehmen wir als Beispiel das Produkt $17 \cdot 18$. Diesmal ziehen wir 15 von jedem Faktor ab und repräsentieren die entstehenden Zahlen durch gestreckte Finger an beiden Händen. Im Falle von 17 und 18 sind das 2 Finger links und 3 Finger rechts. Wir addieren nun zur Zahl 200 so viele Male 20 hinzu, wie es die Summe der gestreckten Finger angibt ($2 + 3 = 5$), und so viele Einer, wie es das Produkt der gebeugten Finger angibt ($3 \cdot 2 = 6$). Ergebnis hier $200 + 5 \cdot 20 + 6 = 306$.

Die Rechnung ohne das Milchmädchen gemacht

Anna Schnasig war ein Milchmädchen. Sie stand in Diensten des Milchgroßhändlers Carl Bolle. Als eines von zahlreichen «Bolle-Mädchen», wie sie auch genannt wurden, verkaufte sie Ende des 18. Jahrhunderts frische Milch in der Berliner Innenstadt.

Anna tat sich schwer mit dem Rechnen. Das kleine Einmaleins beherrschte sie nur bis zu $5 \cdot 5$. Deshalb wurde sie des Öfteren von Kunden beim Kassieren beschummelt. Das aber änderte sich schlagartig nach einem Urlaub im Spreewald. Irgendjemand hatte sie dort in die Kunst der Fingermultiplikation eingeführt, die sie fortan mit großer Sicherheit anwendete.

So versiert wurde sie in dieser Technik, dass sie im Bolle-Betrieb in die Buchhaltung versetzt wurde und dort schließlich bis zur Direktorin aufstieg. Schon damals hatte derjenige mehr vom Leben, der Mathe konnte. Gilt bis heute. In der Tat: Studien zeigen, dass der berufliche Erfolg und das Einkommensniveau positiv mit den mathematischen Fähigkeiten korrelieren. Deshalb hier mein Erfolgstipp nicht nur für Milchmädchen: Math Up Your Life.

Einige Sprachforscher haben die Vermutung geäußert, dass der Begriff «Milchmädchenrechnung» auf die einfachen Rechenschemata der Berliner Milchmädchen zurückgeht. Heute sind mit diesem Begriff ganz allgemein Vorstellungen, Kalkulationen und Utopien gemeint, die wegen ihrer Naivität nicht aufgehen können.

Andere Sprachforscher führen den Begriff auf den französischen Dichter Jean de la Fontaine zurück, der 1678 eine Fabel über ein Milchmädchen schrieb, das sich auf dem Weg zum Markt bereits vorstellt, was sie mit dem Erlös aus der Milch alles anfangen könnte, dann aber die Milch verschüttet. Die Moral der Fabel ist wohl, dass man keine Luftschlösser bauen, sondern möglichst realistisch kalkulieren soll.

Tierisch arithmetisch

Als Ausklang dieses Kapitels noch etwas, das mich nachdenklich stimmt. Es handelt sich nicht um einen halben Aprilscherz Mitte Mai: Ein Forscherteam um die italienische Biologin Rosa Rugani hat kürzlich entdeckt, dass nur wenige Tage alte Küken mit Zahlen bis zur 5 umgehen können. Da menschliche Babys eine Art von Zahlensinn haben, der nur bis zur Zahl 3 reicht, sieht es wieder mal schlecht für den *Homo sapiens* aus. Sollte es je zu einem Rechenwettstreit zwischen Küken und Kleinstkindern kommen, sind es nicht die Küken, die den Kürzeren ziehen. Dummes Huhn war gestern.

Den Küken muss nach dem Ergebnis der Studie ein nichtverbaler Zahlensinn attestiert werden. Einer der Tests in der Untersuchung verlangte von den flauschigen Zweibeinern, Additionen und Subtraktionen vorzunehmen. Die Wissenschaftler stellten zwei undurchsichtige kleine Wände vor den Küken auf und ließen hinter der einen Abschirmung für die Küken sichtbar erst eine und dann noch eine kleine Kugel herunter. Hinter der anderen Abschirmung waren es nacheinander insgesamt vier kleine Kugeln. Dann wurde hinter diesem Schirm eine Kugel wieder hervorgeholt und weggelegt. Hinter dem ersten Schirm wurden zwei weitere hinzugefügt.

Die Küken konnten sich dann auf die Abschirmungen zubewegen. Sie wählten signifikant öfter den Schirm mit der größeren Anzahl von Kugeln, da Küken sich instinktiv zu größeren Gruppen von Individuen und Dingen hingezogen fühlen. Aus diesen und ähnlichen Experimenten muss der Schluss gezogen werden, dass Küken im Zahlenraum bis 5 einerseits abzählen, andererseits leichte Additionen und Subtraktionen ausführen und schließlich Zahlen vergleichen können. Und zwar das alles besser, als gleichaltriger menschlicher Nachwuchs es in entsprechenden Experimenten vermochte.

Ist das die vierte Dezimierung der menschlichen Rasse? Nach Sigmund Freuds drei menschlichen Kränkungen, die daraus resultieren, dass sich die Sonne nicht um die Erde dreht, sondern umgekehrt, dass der Mensch nicht von Gott, sondern vom Affen abstammt und dass der Mensch kein rational Handelnder, sondern ein von seinem Unterbewusstsein getriebenes Geschöpf ist.

Bisher gab es immer noch eine Form von Trost entlang der Devise: Okay, das stimmt zwar, aber wir Menschen sind die Einzigen, die Mathe können.

Falsch. Auch unser Mathe-Monopol ist gefallen. Nicht nur sind wir nicht die Einzigen, sondern in den frühen Altersklassen können es Küken, wie eben gesehen, sogar besser als wir. Wie wollen wir das nennen? Die mathematische Küken-Kränkung der ersten Art?

Festzuhalten bleibt: Nach und nach geht unsere Sonderstellung im Kosmos den Bach runter.

Genauso in den größten Köpfen

Der Nenner nennt, der Zähler zählt, nur ein kleiner Fehler fehlt: Das mag sich der Fehlerteufel in Bezug auf einen der bedeutendsten wissenschaftlichen Beiträge überhaupt gedacht haben. Im Jahr 1987 entdeckte der amerikanische College-Student der Universität von Chicago, Robert Garisto, tatsächlich einen einfachen Rechenfehler in Isaak Newtons monumentalem Werk *Philosophiae Naturalis Principia Mathematica* von 1687. Der Fehler war drei Jahrhunderte lang unbemerkt geblieben.

In Proposition 8 wollte Newton die Richtigkeit seiner Theorie der Gravitation demonstrieren und mit ihr Masse und Dichte der bekannten Planeten berechnen. Für die Berechnung der Erdmasse benötigte Newton den Winkel zwischen den Strecken vom Sonnenmittelpunkt bis einerseits zum Erdmittelpunkt und andererseits zu einem Punkt auf der Erdoberfläche (Sonnenparallaxe). Heute weiß man, dass dieser Winkel etwa 8,8 Gradsekunden groß ist. Eine Gradsekunde bezeichnet dabei den 3600-ten Teil eines Grades. Newtons Notizen zeigen, dass er diesen Winkel für 10,5 Gradsekunden hielt. Doch statt mit diesem rechnete er mit dem fehlerhaften Wert

11,0 Gradsekunden weiter und bekam ein fehlerhaftes Ergebnis. Durch Fehlerfortpflanzung erhielt er den Wert 169 282 für den Quotienten von Sonnenmasse durch Erdmasse, was fast das Doppelte des korrekten Wertes ist.

---

4. Multiplikation

Heute ist Donnerstag. Und also Zeit für den Donners-Talk. Der besteht diesmal aus ein paar Gedankensplittern zu den Zahlensprechweisen anderer Länder, Völker und Kulturen: Die Franzosen benennen die Zahl 90 als quatre-vingt-dix, also als vier-zwanzig-zehn, was als Kurzform der Rechnung $4 \cdot 20 + 10$ zu verstehen ist. Weniger bekannt ist, dass die Waliser die Zahl 18 sprachlich als $2 \cdot 9$ erfassen und die Bretonen sie als $3 \cdot 6$ versprachlichen.

Noch vertrackter ist es im Alamblak, eine der Sprachen auf Papua-Neuguinea, wo die 18 verbal als $5 \cdot (2 + 1) + (2 + 1)$ konstruiert wird. Für Zahlensprechforscher eine wahre Delikatesse ist auch die afrikanische Sprache Nimbia, die ein kompliziertes Zwölfersystem einsetzt. Manches ist darin aber auch überraschend einfach und kurz. So lautet in Nimbia unser Zahlwort für $12 \cdot 12$, also *einhundertvierundvierzig* (24 Buchstaben), ganz schlicht *wo* (2 Buchstaben).

Das Große Einmaleins

Das Große Einmaleins ist der große Bruder des Kleinen Einmaleins. Und das Kleine Einmaleins wird in der Schule meistens durch stures Auswendiglernen eingepaukt.

Das ist nicht gut. Besser ist es, wenn man so wenig Gedächtnisarbeit wie möglich leisten muss und sich ansonsten auf Tricks und Tipps der Mathematik verlassen kann. Weiter oben hatten wir das mit dem Finger-Abakus bewerkstelligt. Das waren im wahrsten Sinne des Wortes einfache Fingerübungen. Und zwar für den Zahlenraum, der durch $1 \cdot 1$ und $10 \cdot 10$ begrenzt ist.

Können Sie mir helfen, meine frühen Kindheitserinnerungen zurückzuholen? Das kleine 1x1 ist bei mir total weg.

Du kannst mich auch kreuzweise

Robert Recorde, übrigens der Erfinder des Gleichheitszeichens, gibt in seinem 1543 veröffentlichten Buch *Grounde of Artes* folgende Rechentechnik für Produkte aus dem Zahlenraum von 5 bis 9.
Soll etwa das Produkt 6·8 gebildet werden, so schreibt man zunächst diese beiden Zahlen untereinander.

6

8

Anschließend wird neben jede Zahl ihre Differenz zu 10 notiert.

6   4

8   2

Dann verbindet man die beiden ursprünglichen Zahlen über Kreuz mit je einem Strich mit der Zehnerdifferenz der anderen. Fasst man die vier Zahlen als Ecken eines Quadrats auf, so bilden die Striche die beiden Diagonalen des Quadrats. Es gibt übrigens Historiker, die darin den Ursprung des Zeichens × für die Multiplikation sehen.

Von dieser Darstellung ausgehend gibt Robert Recorde das Rezept für die Ausführung der Rechnung. Die Lösung ist eine zweistellige Zahl. Man multipliziere die Zehnerdifferenzen, um die Einerstelle der Lösungszahl zu erhalten. Hier also $4 \cdot 2 = 8$. Dann nehme man irgendeine der beiden Ausgangszahlen und subtrahiere davon die Zehnerdifferenz, mit der sie durch einen Strich verbunden ist (hier also $6 - 2 = 4$ oder $8 - 4 = 4$). Dies ist die vordere Ziffer der Lösungszahl. Ergebnis 48. Falls bei der Berechnung der hinteren Ziffer ein zweistelliges Ergebnis auftritt, wird die Zehnerstelle dieses Ergebnisses der Rechnung für die vordere Lösungsziffer zugeschlagen.

Diese Methode war in Italien als «multiplicare per crocetta» (Multiplikation über Kreuz) bekannt und geht laut Leonardo di Pisa auf die Inder zurück.

Jetzt gehen wir zum Großen Einmaleins und berechnen $13 \cdot 17$. Das geht mit wenigen kleinen Schritten. Hier ist das Rezept:

Man nehme die erste Zahl (13), addiere die Einer (7) der zweiten Zahl, $13 + 7 = 20$, füge eine 0 an, 200, und addiere dazu das Produkt der Einer ($3 \cdot 7 = 21$) beider Zahlen. Ergibt: 221.

Mit derselben Methode bekommen wir $14 \cdot 19 = 266$, und zwar über diese Zwischenstufen:

$$14 \rightarrow 23 \rightarrow 230 \rightarrow 266.$$

So meistert ihr alle Produkte von Zahlen zwischen 10 und 19 leicht und schnell und fehlerfrei. Denn bei welchem dieser simplen Zwischenschritte gibt es mehr als ein vernachlässigbares Fehlerrisiko?

Und hier sind nun drei Face-to-face-Situationen für alle, die es selbst probieren wollen:
Rechne mich!

$$15 \cdot 18 = ?$$
$$12 \cdot 16 = ?$$
$$15 \cdot 15 = ?$$

Dieses Buch könnte den Eindruck erwecken, dass sich Mathematik schwerpunktmäßig mit Rechnen beschäftigt. Das scheint auch die landläufige Meinung zu sein. Dieser Eindruck rührt daher, dass Mathematik nun einmal mit Zahlen zu tun hat und mit Zahlen umzugehen in erster Linie bedeutet, mit ihnen zu rechnen. Man kann Mathematik allerdings auch ganz anders betreiben. Doch bleiben wir vorerst beim Rechnen.

In früheren Zeiten war das Alltagsrechnen gar nicht so einfach. Es dauerte Jahrtausende, bis die Menschheit Zahlensysteme gefunden hatte, mit denen sich leicht rechnen ließ. Viele Umwege mussten dafür gegangen werden und Sackgassen wurden beschritten. In einer dieser Sackgassen landeten die alten Römer.

Exkursion ins Zahlen-Römische

Jeder kennt die römischen Zahlzeichen. In der Schule werden sie bereits im 5. Schuljahr besprochen. Das römische Zahlsystem besteht aus Buchstaben mit verschiedenen Wertigkeiten, und zwar *M, D, C, L, X, V, I*. Konkret ist:

$$I = 1$$
$$V = 5$$
$$X = 10$$
$$L = 50$$
$$C = 100$$
$$D = 500$$
$$M = 1000$$

Es handelt sich im Prinzip um ein Additionssystem: Man nimmt von jedem Buchstaben einfach so viele, wie man braucht, um die Zahl als Summe darzustellen.

Ein paar Feinheiten gibt es dann noch für die Darstellung. Man ordnet die Buchstaben in der Reihenfolge *M, D, C, L, X, V, I.* Jeder Buchstabe kann nur dreimal hintereinander verwendet werden. Diese Einschränkung wird durch die Erlaubnis wettgemacht, einen geringerwertigen Buchstaben vor einen höherwertigen stellen zu dürfen, zusammen mit der daran geknüpften Vereinbarung, dass in dem Fall der kleinere Wert vom größeren abgezogen werden muss. Unserer Zahl 4 entspricht das römische *IV*, womit die Schreibweise *IIII* umgangen wird. Diese Zusatzregel macht die römischen Zahlzeichen zu einem Additions- und Subtraktionssystem.

Insofern sollten Addition und Subtraktion mit römischen Zahlzeichen recht einfach durchführbar sein.

Prüfen wir das!

Wie geht Addition?

Zuerst werden bei den beteiligten Zahlen eventuell eingebaute subtraktive Schreibweisen in additive umgewandelt. So wird aus *VL* gleich 45 das rein additive *XXXXV.* Dann hängt man die zu addierenden Zahlen einfach aneinander, sortiert die Buchstaben von groß nach klein, fasst intern zusammen (ersetzt also *IIII* durch *V* usw.) und wandelt da, wo es möglich ist, wieder in eine subtraktive Schreibweise um.

Beispiel: **1347 + 294**

Römisch geschrieben ist dies:

MCCCXLVII + CCLXLIV

Um das auszurechnen, geht der Weg über mehrere Zwischenstufen, die selbsterklärend sind und deshalb kommentarlos folgen:

MCCCXXXXVII + CCLXXXXIIII
→ MCCCXXXXVIICCLXXXXIIII →
MCCCCCLXXXXXXXXVIIIIIII → MDLLXXXVVI → MDCXXXXI →
MDCXLI

Zurückverwandelt ist das unsere Zahl **1641**.

Ähnlich geht's mit der Subtraktion $A - B$.

Wieder werden subtraktive Elemente zuerst in additive überführt. Dann werden Buchstaben gestrichen, die in beiden Zeichenketten vorkommen. Anschließend nehme man das größte verbleibende Symbol des Subtrahenden B, suche dafür das erste Symbol in A, welches größer ist als dieses, und expandiere es, indem man es vollständig mit dem nächstkleineren Buchstaben schreibt. Dann streiche man abermals die in beiden Zeichenketten gemeinsam auftretenden Buchstaben, wandle das kleinste verbleibende Symbol in A um, ... Mache dies, bis bei der Zahl B rechts nichts mehr steht. Ist dieser Zustand erreicht, fasse man intern zusammen und gehe, falls nötig, zur subtraktiven Darstellung über. Ein Beispiel sagt mehr als all diese Worte.

Zum Beispiel: **247 − 178 = *CCXLVII − CLXXVIII***

Übersetze in additive Schreibweise: *CCXXXXVII − CLXXVIII*

Entferne gemeinsame Buchstaben: *CXX − LI*

Expandiere das *C*: *LLXX − LI*

Entferne gemeinsame Buchstaben: *LXX − I*

Expandiere das *X*: *LXVV − I*

Da es keine gemeinsamen Buchstaben gibt, expandiere ein *V*: *LXVIIIII − I*

Entferne gemeinsame Zeichen: *LXVIIII*

Übersetze in subtraktive Schreibweise: *LXIX*

Das Ergebnis ist: ***LXIX = 69***

Umständlich, nicht wahr?

Die römischen Ziffern eignen sich wunderbar, um Gebäude damit zu bestücken oder Ziffernblätter auf Uhren zu verzieren. Was man allerdings extrem schlecht damit anstellen kann, ist – ja rechnen. Schon die eben erlebte Subtraktion verläuft unrund, aber trotzdem nicht wirklich lästig. Das Multiplizieren wird aber dann doch zur Last. Im Gegensatz zum ganz üblen Dividieren haben die alten Römer hier immerhin noch einen Ausweg ins Scheinglück gefunden.

Produkte nach alter Römer Sitte

Die alten Römer haben nämlich die Multiplikation durch einen hübschen Trick auf Addition, Verdoppeln und Halbieren zurückgeführt. Mit dem ursprünglichen Zahlenpaar beginnend, wird die Zahl rechts stets verdoppelt und die Zahl links halbiert. Bei nicht ganzzahligem Ergebnis wird die Hälfte nach unten gerundet. Beides wird so lange wiederholt, bis durch wiederholtes Halbieren eine 1 entstanden ist.

Angenommen, es soll das Produkt $A \cdot B$ ausgerechnet werden.

Man legt dazu zwei Spalten an, die eine – links – wird mit der Zahl A überschrieben, die andere – rechts – mit der Zahl B. Anschließend wird die Zahl in der linken Spalte halbiert. Tritt beim Halbieren ein Rest auf, wird er ignoriert. Die neue Zahl kommt dann unter die Zahl A in die linke Spalte.

Die Zahl B in der rechten Spalte wird verdoppelt und der Wert wird unter B in die rechte Spalte eingetragen. Das Halbieren und Verdoppeln der jeweils letzten Zahlen in der linken und rechten Spalte wird unverändert fortgesetzt, bis in der linken Spalte die Zahl 1 erscheint. Nicht weiter schweißtreibend ist das, weil das Verdoppeln römischer Zahlen keine größere mentale Fitness erfordert. Man muss nur zunächst zu einer rein additiven Schreibweise übergehen und dann die Anzahlen aller Zeichen verdoppeln. Halbieren ist schwieriger. Wie das geht, zeigen wir weiter unten an einem Beispiel.

Das Zwischenstadium dieser Aktionen ist eine kleine Tabelle. In dieser Tabelle wird nun jede Zeile gestrichen, bei der in der linken Spalte eine gerade Zahl steht. Alle übrig bleibenden Zahlen in der rechten Spalte werden addiert. Ihre Summe ist der Wert des gesuchten Produkts $A \cdot B$.

Ganz hübsch im Prinzip ist das und ausgefuchst, aber auch sehr schwerfällig. Römische Zahlen erweisen sich beim praktischen Multiplizieren als so sperrig wie der Geschmack von Lebertran als Büromöbel. Viele Jahrhunderte lang haben diese Zahlen die Kaufleute beim flüssigen Rechnen behindert. Der Grund ist, dass die römischen Zahlen kein Stellenwertsystem bilden. Die vorgestellte Methode mit Verdoppeln und Halbieren der Faktoren benötigt Stellenwerte nicht. Also ist sie auch für römische Zahlen einsetzbar. Sie funktioniert. Mehr aber auch nicht.

Hier erst einmal eine Tabelle mit einigen Halbierungen ohne Rest, die für Multiplikationen nützlich sind:

Doppelter Wert → Halbieren	Verdoppeln ← Wert
I	–
II	I
III	I
V	II
X	V
L	XXV
C	L
D	CCL
M	D
MM	M

Naturgemäß sind die geradzahlig auftretenden Symbole perfekt zu halbieren, die ungeradzahligen nicht, außer wir haben eine gerade Anzahl ungeradzahliger Buchstaben eines Typs. Beim Betrieb der Halbierungs-und-Verdopplungsmaschine ist das zu bedenken, eventuell durch Übergang zu einer halbierungsfreundlichen Schreibweise. Die kann darin bestehen, einen höherwertigen Buchstaben zu expandieren, also durch mehrere geringerwertige zu ersetzen. Zum Beispiel ist *VIII* gleich *IIIIIIII* und die Hälfte davon ist *IIII* bzw. *IV*.

Testen wir das doch einmal am lebenden Objekt: In Angriff nehmen wollen wir das konkrete Beispiel 28 · 21 = *XXVIII* · *XXI*.

XXVIII = XXIIIIIIII	XXI
XIIII	XXXXII
VII = IIIIIII	XXXXXXXXIIII = LXXXIIII
III	LLXXXXXXIIIIIIIII = CLXVIII
I	CCLLXXVVIIIIII

Im nächsten Schritt entfernen wir alle Zeilen, deren Eintrag in der linken Spalte gerade ist. Das betrifft die ersten beiden. Es sind dann noch übrig:

VII	LXXXIIII
III	CLXVIII
I	CCLLXXVVIIIIII

Bleibt noch die Addition der Zahlen in der rechten Spalte:

$$LXXXIIII + CLXVIII + CCLLXXVVIIIIII =$$
$$LXXXIIIICLXVIIICCLLXXVVIIIIII =$$
$$CCCLLLLLXXXXXXVVVIIIIIIIIIIIIII = CCCCCLXXVXIII =$$
$$\textbf{DLXXXVIII = 588}$$

So, diese ganze römische Multiplikationsmühsal musste hier durchlebt werden, um die alten Römer besser zu verstehen, insbesondere ihre Schwierigkeiten mit der nicht mal hohen und schon gar nicht höheren Mathematik. Kein Wunder, dass sie mit ihrem simplizistischen Zahlensystem mathematisch nichts Wesentliches auf die Beine stellen konnten.

Das Halbierungs-Verdopplungs-Verfahren ist heutzutage als Russische Bauernmultiplikation, Ägyptisches Multiplizieren oder Abessinische Bauernregel bekannt. Es lässt sich bis ins Altertum zurückverfolgen. In Deutschland war es im Mittelalter sehr gebräuchlich. In der Neuzeit wird es vereinzelt noch von französischen und russischen Landarbeitern angewendet.

Noch schwerer und ein richtiges Problem ist bei römischen Zahlzeichen die Division. Der weichen wir in diesem Buch aus. Das muss hier nicht unbedingt auch noch ertragen werden. Immerhin befinden wir uns in einer Schnellrechenfibel. Und römisches Dividieren ist eher die Verkörperung unerträglicher Langsamkeit. Wir dagegen brauchen jetzt wieder etwas Beschleunigung.

Gleiche Zehnerstelle

Es gibt Menschen, die können die dreizehnte Wurzel aus einer 100-stelligen Zahl in weniger als dreizehn Sekunden ziehen. Also schneller, als man die Zahl aufschreiben kann. Eine derart extrem hurtige Wurzelbehandlung ist auch mithilfe geschickter Arbeitsteilung zu schaffen, aber nicht so schneidig-geschwind: In den 1990er Jahren trat eine Schulklasse in der inzwischen untergegangenen Rate-Show *Wetten, dass..?* auf, die eine solche Wurzel innerhalb von vier Minuten als Team berechnete. Man hatte die gewaltige Herausforderung in sehr viele kleine, leicht verdauliche Häppchen zerlegt, die dann auf die Mitglieder der Gruppe aufgeteilt wurden. So mussten einige zum Beispiel Teile von Logarithmentafeln auswendig lernen.

Nun aber aus den höheren Lagen wieder zurück in Bodennähe zum nächsten Trick fürs zweistellige Multiplizieren.

Er erweitert die bisherige Methode fürs Große Einmaleins, bei dem die Zehnerstelle 1 war, auf eine beliebige, aber bei beiden Zahlen identische Zehnerstelle. In diesem allgemeineren Fall wird ein zusätzlicher Dreh benötigt:

Erläutert wird das am Beispiel **46 · 42**.

Beide Zahlen haben als Zehnerstelle die 4. Wie zuvor beim Großen Einmaleins nehme man die erste Zahl, 46, addiere dazu die Einer (2) der zweiten Zahl, ergibt 48, multipliziere mit dem gemeinsamen Zehner (4) beider Zahlen, $4 \cdot 48 = 4 \cdot 50 - 4 \cdot 2 = 200 - 8 = 192$, füge eine 0 an, 1920, und addiere das Produkt der Einer $(6 \cdot 2 = 12)$.

Als Ergebnis haben wir $1920 + 12 = \mathbf{1932}$.

Beim Großen Einmaleins war die Methode um einen Schritt kürzer, da die Multiplikation mit dem gemeinsamen Zehner (1) entfallen konnte.

Der Grund dafür, dass es klappt, liegt fast auf der Hand: Die Ziffernfolge ab ist die Zahl $10a + b$. Also besteht unsere Aufgabe darin, Produkte der Form

$$(10a + b) \cdot (10a + c)$$

auszurechnen. Der Trick errechnet das als

$$[(10a + b) + c] \cdot 10a + b \cdot c.$$

Multipliziert man jeweils aus, ergibt sich in beiden Fällen:

$$100a^2 + 10a \cdot b + 10a \cdot c + b \cdot c$$

Und das ist gut so.

Gerade Differenz

Unsere nächste Verkomplizierung geht einen Schritt weiter in Richtung beliebiger zweistelliger Zahlen. Das ist natürlich unser Endziel. Davon sind wir aber noch ein Stück weit entfernt. Denn bei dem, was wir jetzt machen, brauchen wir noch die Vorgabe, dass die Differenz der multiplizierten Zahlen eine *gerade* Zahl sein muss. Ein Beispiel ist

$$23 \cdot 17 = ?$$

Die Schrittfolge zur Lösung ist nicht mehr ganz so kurz, aber einfach und einprägsam:

a. Bestimme die Differenz der Zahlen ($23 - 17 = 6$).
b. Halbiere die Differenz ($6/2 = 3$).
c. Subtrahiere die halbierte Differenz von der größeren Zahl ($23 - 3 = 20$).
d. Quadriere die Ergebnisse von b. und c. ($3 \cdot 3 = 9$ und $20 \cdot 20 = 400$).
e. Subtrahiere die kleinere Zahl in d. von der größeren ($400 - 9 = 391$).

Die Lösung der Aufgabe ist das Ergebnis in e.

$$23 \cdot 17 = 391$$

Wer sich selbst an diesem Schema versuchen möchte, kann die folgende Gleichung im Kopf auf Richtigkeit überprüfen. Sie hat ihre eigene eingebaute Schönheit, zeigt sie doch den seltenen Fall von Spiegelbildlichkeit bei Produktbildung mit dem Gleichheitszeichen in der Mitte als Spiegelungszentrum zwischen rechts und links.

$$39 \cdot 31 = 13 \cdot 93$$

Ein würdiger Ausklang dieses Abschnitts.
Und wir ziehen weiter.

Multiplizieren viel-viel früher

Eine der frühesten erhalten gebliebenen Quellen, in denen ein Verfahren für die Multiplikation beschrieben wird, findet sich im Papyrus Rhind von etwa 1550 v. Chr. Bei dieser Methode wird die Multiplikation auf Verdopplung und Addition zurückgeführt. Es erinnert ein wenig an das zuvor besprochene altrömische Multiplikationsverfahren, doch arbeitet es nicht mit Halbierungen von Zahlen.
Ein gutes Beispiel ist $14 \cdot 23$.
Der Ablauf beginnt damit, dass wir die Zahlen 1 und 23 notieren und dann beide schrittweise verdoppeln. Hier haben wir doppelte Verdopplung.

$$1 \to 23$$
$$2 \to 46$$
$$4 \to 92$$
$$8 \to 184$$

An dieser Stelle kann gestoppt werden, Verdopplungsstopp. Denn mit der nächsten Zeile würden wir auf der linken Seite mit 16 den benötigten Faktor 14 überschreiten. Deshalb wird eine weitere Verdopplung nicht mehr benötigt. Denn man muss durch Addition der Zahlen links auf den Faktor 14 kommen. Das geht mit $8 + 4 + 2$. Und jetzt werden die bei diesen Summanden auf der rechten Seite stehenden Zahlen addiert: 184 + 92 + 46 = 322. So geht das, sagte der Papyrus Rhind vor dreieinhalbtausend Jahren. Und hatte schon so früh recht.

$$14 \cdot 23 = 322$$

Trachtenbergs Schweizer Taschenmesser

Dieser Programmpunkt beginnt mit einer Erinnerung an Jakow Trachtenberg (1888–1953), der ein ganzes System für schnelles Rechnen entwickelt hat. Er war der Rockstar unter den Kopfrechnern vergangener Tage. Geboren in Odessa am Schwarzen Meer, zeigte er schon früh sein Genie als Problemlöser praktischer Aufgabenstellungen. Nach einem Studium der Mathematik und Ingenieurwissenschaften mit ausgezeichnetem Abschluss zog es ihn nach St. Petersburg. Hier wurde er Anfang zwanzigjährig Chefingenieur der berühmten Obuchow-Werft.

Dieser erfolgreiche und glückliche Lebensabschnitt endete für ihn mit der russischen Oktoberrevolution: 1917 musste er aus seinem Heimatland fliehen. Er ließ sich in Berlin nieder. Dort heiratete er die Aristokratin Alice von Bredow und baute sich als Herausgeber einer pazifistischen Zeitschrift eine neue Existenz auf.

Die Berliner Zeit war der zweite Abschnitt seines illustren Lebens. Sein Pazifismus brachte ihn in eine Gegenposition zum Naziregime. Da er mit Meinungsäußerungen nie hinter dem Berg hielt, musste er abermals um sein Leben fürchten. Deshalb verließ er Deutschland und übersiedelte mit seiner Frau nach Wien.

Doch auch hier war er nicht lange sicher. Der Anschluss Österreichs an das Deutsche Reich wurde ihm zum Verhängnis. In Wien wurde er von den Nazis aufgespürt und gefangen genommen. Eine langjährige Odyssee durch verschiedene Konzentrationslager nahm ihren Anfang.

Mathe-aktiv an extremsten Orten

Um die trostlose Lagerzeit irgendwie auszuhalten und seinen Geist auf positive Dinge zu lenken, beschäftigte Trachtenberg sich mit Kopfrechnen. Während der langen Inhaftierung entwickelte er eine Reihe schneller Kopfrechenverfahren. «In 22 Gefängnissen und Kellern der Gestapo», wie er schrieb, erdachte er diese Techniken ohne Bleistift, Papier und andere Hilfsmittel, allein durch mentales Jonglieren und Memorieren aller Zwischenschritte, von den Problemen bis zu den Lösungen.

Ein hammerhartes Schicksal. Aber ohne all das gäbe es heute kein Trachtenberg-System. So ist es oft. Häufig ist es gerade das Ungemach, das uns widerfährt, das uns weiterbringt und für zeitlose Geschichten sorgt: Odysseus hätte eine irrfahrtfreie Rückkehr in die Heimat sicher vorgezogen. Aber hier wie dort hätten wir keine Geschichte: keine Odyssee, kein System des Kopfrechnens. Bis heute am wichtigsten sind die Trachtenberg-Techniken für Multiplikation und Division auch großer Zahlen. Trachtenbergs erklärtes Ziel war es immer, die auszuführenden Operationen minimal-komplex zu halten, mit nur wenigen erinnerungsbedürftigen Einzelschritten und Zwischenergebnissen.

Als Erstes zeige ich euch das Trachtenberg-System für die Multiplikation beliebiger zweistelliger Zahlen. Das ist das Normalo-Modul für das, was wir gerade machen. Selbst das ist schon toll. Und deckt alles ab. Nach den Spezialfällen der früheren Kapitel, die besondere Voraussetzungen erforderten, kommt jetzt also ein Rundumsorglospaket für alle Fälle der Welt, das den ganzen zweistelligen Bereich bespielt.

Nehmen wir das Produkt:

$$21 \cdot 32 = ?$$

Das How-to-do-it-Schema lässt sich folgendermaßen zusammenfassen:

Erst vertikal, dann kreuzweise, dann wieder vertikal.

Diese Sentenz lässt sich leicht als Merkspruch im Oberstübchen abspeichern.

In die Tat umgesetzt, sieht es dann so aus: Schreiben wir die Zahlen untereinander:

$$21$$
$$32$$

Die Einerstelle des Produkts erhält man, wenn die Einerstellen (1 und 2) der Faktoren miteinander multipliziert werden. Das ist der erste vertikale Schritt. Er ergibt $1 \cdot 2 = \mathbf{2}$ als hintere Stelle der Lösung.

Für die Stelle direkt davor multipliziert man Zehner- und Einerstellen über Kreuz und addiert: $2 \cdot 2 + 1 \cdot 3 = \mathbf{7}$.

Schließlich werden die Zehnerstellen (2 und 3) miteinander multipliziert. Das ist der zweite vertikale Schritt: Er liefert $2 \cdot 3 = \mathbf{6}$ als vordere Lösungsziffer.

Das Endergebnis entsteht durch Aneinanderfügen: **672**.

Falls bei den ersten beiden Schritten statt nur einer einzigen Ziffer, eine zweistellige Zahl auftritt, wird deren Einerstelle zur Lösungsziffer und ihre Zehnerstelle beim nächsten Schritt dazuaddiert. Das nennt man Übertrag. Auch hierzu ein Beispiel:

$$\mathbf{34 \cdot 53 = ?}$$

Beginnen wir wieder mit der Startaufstellung beider Faktoren:

$$34$$
$$53$$

Jetzt kann's losgehen mit der Einerstelle des Produkts. Dazu multipliziere $4 \cdot 3 = 12$. Notiere die **2**, merke die 1. Die **2** geht in die Lösung ein, die 1 wird übertragen.

Multiplikation über Kreuz erbringt $3 \cdot 3 + 4 \cdot 5 = 29$. Der Übertrag 1 macht das zu 30. Notiere davon die **0** als vorletzte Lösungsziffer und vermerke die 3 wiederum als Übertrag.

Schließlich multipliziere die Zehnerstellen und addiere dazu die gemerkte 3 vom letzten Schritt: $3 \cdot 5 + 3 = \mathbf{18}$.

Fürs Endresultat müssen die Zwischenergebnisse nur noch kompiliert werden. Simpler gesagt: man hängt sie einfach in der produzierten Reihenfolge von rechts nach links aneinander: **1802**.

Und das war's. Jetzt habt ihr ein Schweizer Taschenmesser für die schnelle Multiplikation. So ausgerüstet könnt ihr alle zweistelligen Zahlen miteinander multiplizieren. Ohne irgendwelche Klimmzüge. Ohne Einschränkungen. Ohne Vergnügungstrübung.

Zum Selber-aktiv-Werden hier einige Vorschläge. Es sind Zahlenpaare mit Lösungen, die jeweils kleine mathematische Zufälle darstellen und für sich selbst schon interessant sind. Eure Aufgabe fürs Brain-Training besteht in allen Fällen darin, die Rechnungen im Kopf zu überprüfen:

$$27 \cdot 81 = \mathbf{2187}$$

Das Besondere an allen Beispielen ist, dass die Lösungen aus denselben Ziffern bestehen wie die Faktoren.

Zudem zeigen die nächsten beiden Gleichungen noch eine verblüffende Spiegelbildlichkeit. Ob man die Faktoren vorwärts oder rückwärts liest: egal! Das Ergebnis bleibt dasselbe.

$$64 \cdot 23 = 32 \cdot 46$$
$$14 \cdot 82 = 28 \cdot 41$$

Das waren gleich drei Probleme auf einmal. Probleme sind bekanntlich das, was Mathematiker haufenweise haben. Bei Chemikern ist es anders. Sie haben Lösungen.

Charly Gauß is in the house

Zum Ausklang noch eine zahlenharmonische Herausforderung für euch alle: Vom jungen Gauß hatten wir beim Warm-up gelernt, wie man die Zahlen von 1 bis 100 mit Tempo addiert. Nachdem wir jetzt alle gut aufgewärmt sind, stelle ich dazu eine leicht veränderte Zusatzfrage:

Was ist die Summe aller Ziffern aller Zahlen von 1 bis 100?

Es müssen also nicht die 100 Zahlen addiert werden. Das hatten wir ja auch schon. Nein, jetzt geht es um die einzelnen Ziffern dieser 100 Zahlen. Die Zahl 53 etwa, die eine dieser Zahlen ist, hat die Ziffernsumme 8. Und insgesamt hat man 100 solcher Ziffernsummen, deren Gesamtsumme ermittelt werden soll.

Was tun, und wie?

Wieder könnte man fröhlich drauflosagieren. Addieren bis weit in die Abenddämmerung. Bis lange vor dem Rechnungsende die eigene Fröhlichkeit versandet.

Sich den kleinen Gauß als Vorbild zu nehmen, bringt einen auch hier weiter. Durch geschicktes Gruppieren kann man den Tag schon vor dem Abend loben. Man nimmt die Zahl 0 hinzu, die additiv nichts ändert, und bildet die Paare

(0 und 99), (1 und 98), (2 und 97), …, (49 und 50).

Das sind 50 Paare von Zahlen. Und in jedem dieser Paare ist die Summe der Ziffern gleich 18. Zusammen mit der Anfangsziffer 1 der noch nicht berücksichtigten Zahl 100 kommen wir auf die Summe $50 \cdot 18 + 1 = 100 \cdot 9 + 1 = \mathbf{901}$.

Und jetzt?

Wenn ihr mich jetzt zum Beispiel nach meiner mathematischen Lieblingstatsache der Alltagsmathematik fragen würdet, so könnte ich an dieser Stelle frohgemut Folgendes sagen:

x % von y sind genauso viel wie y % von x.

Die Gültigkeit beruht darauf, dass sowohl das eine wie das andere ein Hundertstel des Produktes

$$x \cdot y$$

ist, womit wir innerhalb unseres Themas bleiben. Denn um

$$48\,\% \text{ von } 75$$

auszurechnen, besteht eine Möglichkeit darin, mit den Mitteln dieses Kapitels das Produkt

$$48 \cdot 75 = 3600$$

zu bilden und durch hundert zu teilen. Beim Alternativzugang rechnen wir stattdessen

$$75\,\% \text{ von } 48$$

aus, was viel einfacher ist. Denn es ist 3/4 von 48, also

$$\frac{3 \cdot 48}{4} = 3 \cdot 12 = 36.$$

Ein fesches Faktum, dieser Satz über Prozentsätze. Ihn hier zu posten ist mein Beitrag zur Popularisierung von Prozentualien für die Alltagswelt. Zwar treten sie an jeder Straßenecke auf und sind Allerweltsutensilien, aber das kompetente Handling von Prozenten ist und bleibt die Königsdisziplin der Alltagsmathematik. Wie man mit Prozenten schnell baden gehen kann, zeigt uns etwa die *Norderneyer Badezeitung:*

Hoch- und Höherprozentiges

«Fuhr vor einigen Jahren noch jeder zehnte Autofahrer zu schnell, so ist es heute nur noch jeder fünfte. Doch auch fünf Prozent sind zu viel, und so wird weiterhin kontrolliert, und die Schnellfahrer haben zu zahlen.»

Aus der *Norderneyer Badezeitung* von 1991

Den Runner-up auf meiner Hitliste der Alltagsmathematik kann ich auch noch präsentieren. Es ist die Bruchrechnungs-Rechenregel:

$$\frac{a}{b} : \frac{c}{d} = \frac{a : c}{b : d}$$

Auch so kann man einen Bruch durch einen anderen dividieren. Und so ist es oft einfacher als das, was den Schülern in der Schule beigebracht wird. In der Schule regiert die Regel, dass durch einen Bruch geteilt wird, indem man mit seinem Kehrwert multipliziert. Und dann rechnet man von dort weiter. Aber die obige Regel ist erstens genauso richtig, zweitens direkter, also eine Abkürzung. Und drittens weniger fehleranfällig, da leichter in der Anwendung.

Können wir eine Pause machen?

Yes, we can!

Trinken wie die Mathematiker

Ein Mathematiker ist eine Maschine, die Kaffee in Theoreme umwandelt, meinte schon der große Mathematiker Paul Erdös vor mehr als einem Halbjahrhundert. Das gilt bis heute.

Gilt bis heute auch, dass es nicht einmal guter Kaffee sein muss. Meine eigene Erfahrung ist, dass viele Mathematiker viel schlechten Kaffee trinken. Oder eigentlich: sich einflößen. Denn schwerpunktmäßig geht es ihnen nicht um genussvolles Trinken, sondern um den Bio-Kick der Koffeinmoleküle. Das Koffein als Konzentrationsverstärker steht hoch im Kurs in den von Mathemachern besiedelten Habitaten. Nicht selten findet es sich in der typischen Variante einer auf Warmhalteplatten lang gelagerten und dadurch angereicherten, sagen wir mal: dickflüssigen schwarzen Brühe. Es ist an der Zeit, dass auch die Mathe-Aktiven ein wenig fancy werden und ihr Kaffee-Brauchtum um Trendgetränke ergänzen.

Der nächste Drink in unserer Mathe-Cocktail-Kollektion ist deshalb ein hochgetuntes Kaltgetränk für Mathe-Aktivisti und Hobby-Baristi. Mit ihm werden Kaffee-Konsumenten zu Kaffee-Trendsettern. Der *Cold Brew Fizzy Tonic* ...

... vereint das Beste aus äthiopischen Yirgacheffe-Bohnen und Indian Tonic Water. Totalideal verbindet er die würzigen Aromen von Chinin im Tonic mit der strengen Komponente des Kaffees. Man braucht dazu kalten Kaffee. Doch Cold Brew ist nicht einfach kalter Kaffee oder kalt gewordener Kaffee. Nein, er wird schon kalt gebraut.

Und dieser kalt gebraute, nie warm gewesene Kaffee schmeckt ganz anders als sein heiß aufgebrühter Bruder, der deutlich saurer, bitterer und weit weniger blumig ist. Die «kühle» Technik, Kaffee zu «kochen», vereint Yin und Yang bei der kalten Fusion des Koffeinwässerchens. Hier ist euer achtfacher Weg hin zum stolzen Besitzer eines heftig-kräftigen Cold Brew.

Kaffee frisch mahlen, aber bloß nicht zu fein. Das ist die Grundregel. Eher soll er die Konsistenz von Sand haben. Espresso taugt nicht gut, schon eher eine hellere Röstung. Aroma-optimal sind die legendären Yirgacheffa-Bohnen.

100 Gramm grob pulverisierte Yirgacheffa-Kaffeebohnen in ein größeres Glas geben.

1 Liter kaltes Wasser dazugießen. Best by test sind stille Mineralwasser. Ungefiltertes Leitungswasser macht das Endprodukt dagegen fad.

Mit einem langen Holzlöffel sorgfältig umrühren, um den Kaffeesatz gleichmäßig zu verteilen.

Das Gemisch abdecken, damit die Aromen nicht entweichen.

Bei Zimmertemperatur einen halben Tag lang stehen lassen, gelegentlich umrühren. Die letzten zwei Stunden aber nicht mehr bewegen, damit sich das Pulver in Ruhe am Boden absetzen kann.

Die abgesetzte Mischung durch einen Papier- oder Stofffilter gießen und das Kaffeepulver entfernen.

Die gefilterte Lösung mit Wasser aufgießen, bis wieder ein Liter im Gefäß ist.

Dieser Cold Brew ist die Basis für unseren Coffee-Tonic.

Man nehme drei glasklare kugelförmige Eis-«Würfel» und gebe sie in ein schweres Glas. Dazu kommen 300 Milliliter Tonic und, ganz vorsichtig, 100 Milliliter Cold Brew. Wenn ihr beim Einfüllen behutsam vorgeht, erreicht ihr getrennte Schichten und dadurch einen optischen Tag-und-Nacht-Effekt im Glas.

Darf ich vorstellen? Das ist der *Cold Brew Fizzy Tonic.* Ein doppelter Aufheiterer durch seine Symbiose aus spritzigem Chinin und dem Kick von Koffein. Ideal fürs Muntermachen beim Mathemachen, für einen Coffee Special Effect zwischen Zen und Tonic.

Das war die Kaffepausi. Und das war Finnisch. Im Ernst. Die Finnen haben unser deutsches Wort fast unverändert in ihre Sprache integriert, so wie die Franzosen «Gemutlichkeit», die Japaner «orugasumusu» für den sexuellen Höhepunkt und die Amerikaner «Fahrvergnügen». Damit geht's nun auch weiter. Mit ein paar arithmetischen Vergnügungsübungen für alle, die noch einen kleinen Aktivitätsschub verspüren.

$$35 \cdot 41 = 1435$$
$$34 \cdot 86 = 68 \cdot 43$$

Treffpunkt 100

Irgendwann kommt der Punkt, da ist Schluss mit Zweistelligkeit. Und genau an diesem Punkt zeigen wir nun das, was man auch manchmal zeigen muss: Vor-Ort-Präsenz. Das bisher Besprochene funktioniert bestens für die Multiplikation aller zweistelligen Zahlen. Insofern gibt's nichts zu meckern und die vorgestellte Produktpalette lässt nichts zu wünschen übrig. Doch für spezielle Produkte gibt es noch happy-dynamische Beschleunigungen. Da geht noch was mit Turbo.

Für Zahlen nahe 100

Nämlich dann, wenn beide Faktoren im Einzugsbereich von 100 sind. Als Beispiel dient:

$$97 \cdot 94 = ?$$

Diese Schrittfolge geht uns noch schneller von der Hand:

a. Subtrahiere 100 von beiden Zahlen und schreibe die Differenzen rechts neben die Zahlen.

b. Bilde eine der beiden (identischen) Überkreuz-Summen und hänge zwei Nullen daran.

c. Addiere zur Zahl in b das Produkt der Differenzen von Schritt a.

In unserem Beispiel führt die Umsetzung von Schritt a zu dem kleinen Zahlenschema:

$$
\begin{array}{ll}
\mathbf{97} & \mathbf{-3} \\
\mathbf{94} & \mathbf{-6}
\end{array}
$$

Schritt b liefert $97 - 6 = 91$, was dasselbe erbringt wie $94 - 3$.

Mit zwei angehängten Nullen gemäß dem zweiten Teil von Schritt b sind wir bei **9100**.

Schritt c fügt dem noch $(-6) \cdot (-3) = \mathbf{18}$ hinzu, und die bringen uns zu **9118** in toto:

$$97 \cdot 94 = 9118$$

Das nächste Beispiel interpretiert die Vorgabe «Zahlen nahe 100» so, dass sie nicht sehr viel größer als 100 sein dürfen. Das obige Schema deckt auch diese Fälle anstandslos ab. Prüfen wir das mit:

$$103 \cdot 115 = ?$$

Nachdem wir oben ganz ausführlich waren, müssen wir jetzt nicht mehr so lange herummachen. Die Lösung ergibt sich aus der Anfangsaufstellung

$$103 \quad +3$$
$$115 \quad +15$$

schneller als einzeilig: $103 + 15 = 118 \rightarrow 11\,800 \rightarrow 11\,800 + 3 \cdot 15 = 11\,845$

Also: $103 \cdot 115 = 11\,845$

Bleibt noch der gemischte Fall: Was, wenn ein Faktor größer und der andere kleiner als 100 ist?

No problem. Rechnen wir

$$94 \cdot 112 = ?$$

Startposition einnehmen!

$$94 \quad -6$$
$$112 \quad +12$$

Und dann los: $94 + 12 = 106 \rightarrow 10\,600 \rightarrow 10\,600 + (-6) \cdot 12 = \mathbf{10\,528.}$ Fertig!

Also: $94 \cdot 112 = 10\,528$

Alle Rechnungen sind richtig. Und wir sind happy.

Und bereit für weitere Übungen fürs Selbermachen an noch mehr Szene-Locations:

Rechne mich!

$$111 \cdot 111 = ?$$

Die richtige Lösung liefert wieder ein erfreuliches Zahlenmuster. Ebenso bei dieser Drei-Faktoren-Aufgabe:

$$11 \cdot 101 \cdot 101 = ?$$

Als Nächstes prüfen wir ein Multiplikationspalindrom auf Richtigkeit. Palindrome sind Zeichenfolgen, die von vorne nach hinten und von hinten nach vorne dasselbe bedeuten. Das bekannteste Palindrom wird dem Philosophen Arthur Schopenhauer zugeschrieben. Es ist der Satz

Ein Neger mit Gazelle zagt im Regen nie.

Das Wort «Neger» ist natürlich unschön, aber ohne dieses Unwort ist der Satz kein Beispiel mehr für ein Palindrom, sondern nur noch für Un-Zen statt Zen. Der Satz von Neger, Regen und Gazelle ist ein verbales Palindrom. Die nächste Zeile ist ein Zahlen- und Zeichen-Palindrom:

$$26 \cdot 93 = 39 \cdot 62$$

Quadriere mich!

Wer quadriert, der multipliziert natürlich auch. Und zwar eine Zahl mit sich selbst:

$$87^2 = ?$$

Das ist das Thema dieses Abschnitts. Man kann sich fragen, ob für diesen Spezialfall das Kopfrechnen einer Beschleunigung zugänglich ist. Und wenn ja, wie?

Es soll gleich losgehen mit dem Wie!

Zuerst schreiben wir die zu quadrierende Zahl mit einem Längsstrich zwischen ihren Ziffern. Das sieht dann so aus:

$$8 \mid 7$$

Das ist hier de facto ausgeführt, lässt sich aber natürlich auch im Kopf machen. Linke Seite und rechte Seite werden nun separat quadriert. In die Mitte kommt das Doppelte des Produkts beider Seiten:

$$8^2 \mid 2 \cdot 8 \cdot 7 \mid 7^2$$

Das sind die Vorarbeiten.

Jetzt rechnen wir für die drei Positionen Links, Mitte, Rechts jeweils Ziffern aus. Wir beginnen rechts und nehmen Überträge vor bei Mehrstelligkeit. So entstehen nach und nach die Ziffern der Lösung.

Wegen

$$7^2 = 49$$

ist die erste Ziffer von rechts eine **9**. Der Übertrag für die Position links daneben ist eine 4.

Für die zweite Position von rechts erhalten wir mit dieser 4 die Zahl

$$4 + 2 \cdot 8 \cdot 7 = 116.$$

Das führt auf eine **6** in der zweiten Position und den Übertrag 11.

In der dritten Position von rechts ergibt sich mit diesem abermaligen Übertrag

$$11 + 8^2 = \mathbf{75}.$$

Mehr brauchen wir nicht: Mit den errechneten Zahlen können wir die Lösung durch Aneinanderfügen erstellen:

$$\mathbf{87^2 = 7569}$$

Ein Special für Spezial-Quadrate

Die Quadratzahlen von 1 bis 25 sind leicht zu memorieren. Für die Zahlen von 25 bis 75 kann man mit der Basis 50 operieren und eine der binomischen Formel aufbieten:

$$(50+x)^2 = (50+x) \cdot (50+x) = 2500 + 100x + x^2$$
$$(50-x)^2 = (50-x) \cdot (50-x) = 2500 - 100x + x^2$$

Als Beispiel wollen wir das Quadrat von 69 berechnen:

$$\mathbf{69^2} = (50+19)^2 = 2500 + 1900 + 361 = \mathbf{4761}$$

Als zweites Beispiel nehmen wir uns das Quadrat von $37 = 50 - 13$ vor:

$$\mathbf{37^2} = 2500 - 1300 + 169 = \mathbf{1369}$$

Und wir eilen weiter, von Lösung zu Lösung. Für den Zahlenbereich von 75 bis 125 geht es analog, außer dass nun mit der Basis 100 gearbeitet wird.

$$(100+x)^2 = (100+x) \cdot (100+x) = 10\,000 + 200x + x^2$$
$$(100-x)^2 = (100-x) \cdot (100-x) = 10\,000 - 200x + x^2$$

Was liefert diese Methode für das Quadrat von 87?

$$\mathbf{87^2} = (100-13)^2 = 10\,000 - 200 \cdot 13 + 13^2 = 10\,000 - 2600 + 169 = \mathbf{7569}$$

Das stimmt mit unserem früheren Ergebnis überein. Man mag entscheiden, was schneller geht. Die Antwort dürfte individuell verschieden sein. Der Vorteil der aktuellen Methode ist, dass sie über 100 hinaus anwendbar ist:

$$\mathbf{115^2} = (100+15)^2 = 10\,000 + 200 \cdot 15 + 15^2 = 10\,000 + 3000 + 225 = \mathbf{13225}$$

Auf dieser binomischen Schiene kann ich jetzt nichts mehr für meine Mitmenschen, also für euch, tun. Ihr seid auf euch allein gestellt.

Aber ich bin immer noch da. Mit einem kleinen Sortiment fürs Selber-Hand-Anlegen.

Wieder zeigen die Beispiele einige hübsche Zahlenzufälle. Bei den folgenden Gleichungscollagen, die ich zu überprüfen einlade, achte man jeweils auf die Wirkung der Ziffernvertauschung:

$$12^2 = 144$$
$$21^2 = 441$$

Und:

$$13^2 = 169$$
$$31^2 = 961$$

Das ist Arithmetik nach meinem Geschmack. Und es gibt zum Glück noch mehr davon:

$$(20+25)^2 = 2025$$
$$(30+25)^2 = 3025$$
$$(98+01)^2 = 9801$$

Auch die folgenden Kostproben sollten das Herz selbst hartgesottener Zahlen-Genießer erfreuen. Es geht um pythagoräische Tripel. Das sind Dreiergruppen ganzer Zahlen x, y, z, welche die Pythagoras-Gleichung

$$x^2 + y^2 = z^2$$

erfüllen und insofern als Seitenlängen eines rechtwinkligen Dreiecks auftreten können.

Das einfachste pythagoräische Tripel ist

$$3^2 + 4^2 = 5^2,$$

doch überraschenderweise haben wir auch

$$33^2 + 44^2 = 55^2$$

und als Steigerung ein doppelt-pythagoräisches Ensemble

$$85^2 = 77^2 + 36^2 = 84^2 + 13^2.$$

Was ist mit Anti-Pythagoras?

Bevorzugt man ein Minuszeichen zwischen den Quadraten, kommt die Frage nach der Existenz antipythagoräischer Tripel auf. Die gibt's auch:

$$17^2 - 15^2 = 8^2$$
$$65^2 - 56^2 = 33^2$$

Mir gefällt das schlichte

$$3^2 + 4^2 = 5^2$$

auch deshalb, weil wir drei aufeinanderfolgende Zahlen als Hauptdarstellerinnen haben. Noch größer ist die Besetzung bei

$$10^2 + 11^2 + 12^2 = 13^2 + 14^2$$

und erst recht bei

$$21^2 + 22^2 + 23^2 + 24^2 = 25^2 + 26^2 + 27^2.$$

Das Ensemble der 25

Dieser Einschub beabsichtigt nichts weiter, als den Hinweis auf eine hübsche Beziehung zwischen den 25 Quadraten

$$1^2 + 2^2 + 3^2 + \ldots + 24^2 = 70^2.$$

Es wäre undankbar, darüber zu klagen, dass man damit nichts Rechtes anfangen können wird. Allein durch ihre Seltenheit hat die Gleichung einen Auftritt verdient und erfreut uns mit einer guten Buch-Minute.

Der nächste Programmpunkt ist ein Juwel aus dem Reich der Quadratzahlen. Ich wäre baff, wenn er nicht auch eure Neugier wecken würde. Denn die Sache ist so überraschend wie atemberaubend, mysteriös ist sie allemal. Denn wo um alles in der Welt kommt plötzlich die Kreiszahl *Pi* her bei der folgenden notariell beglaubigten Tatsache:

Die Anzahl der Möglichkeiten (x, y), auf die man eine natürliche Zahl n als Summe zweier ganzzahliger Quadrate darstellen kann, also in der Form

$$x^2 + y^2 = n$$

schreiben kann, ist im Durchschnitt exakt gleich der Kreiszahl Pi!!

Wahnsinn, oder?

Der Satz mit den zwei Ausrufezeichen ist auf der Hitliste meiner nicht alltäglichen Lieblingstatsachen ganz weit oben.

Dieses seltsame Statement mit Blockbuster-Qualitäten eröffnet eine überraschende Möglichkeit, *Pi* mit einer verrückten Zufallsmethode auszurechnen. Und wir ergreifen sie sogleich:

Man wähle irgendeine natürliche Zahl *N* und lege dann *N* Papierschnipsel, beschriftet mit je einer der Zahlen 1, 2, ..., *N* in einen Hut. Dann ziehe man *M* davon mit Zurücklegen heraus und checke, auf wie viele verschiedene Arten sich eine jede der *M* gezogenen Zahlen als Summe zweier quadrierter ganzer Zahlen schreiben lässt. Der Durchschnitt der so ermittelten *N* Zahlen ist eine Annäherung an die Kreiszahl.

Diese Annäherung wird umso genauer, je größer *M* und *N* gewählt werden.

Ich habe das Ganze für euch durchgespielt mit $N = 100$ und $M = 10$. Eine Zufallsauswahl ergab die zehn Zahlen 2, 72, 83, 32, 91, 24, 32, 26, 99, 5. Und daraus die Anzahl der Lösungen 4, 4, 0, 4, 0, 0, 4, 8, 0, 8, wobei zu bedenken ist, dass die Gleichung $x^2 + y^2 = 5$ insgesamt acht verschiedene Lösungspaare (x, y) hat, etwa (1,2), (2,1), (− 1,2) usw. Das sieht doch alles recht gröblich dahingestolpert aus. Doch als Annäherung für *Pi* erhalten wir

$$(4 + 4 + 0 + 4 + 0 + 0 + 4 + 8 + 0 + 8)/10 = 3{,}2.$$

Damit kann man bei dem groben Datenmaterial sehr zufrieden sein.

Es besteht also offenbar ein nicht ganz einfacher und ziemlich tief liegender Zusammenhang zwischen Quadraten ganzer Zahlen und Kreisen, zwischen Viereckigem und Rundem. Dass Summen von Quadraten was mit Dreiecken zu tun haben, kann man noch irgendwie verstehen. Wegen Pythagoras. Aber dass sie auch was mit Kreisen und der Kreiszahl *Pi* zu tun haben? Mein Gott, das ist nicht easy. Nicht Easy *Pi*.

Easy *Pi* dagegen ist der folgende Zusammenhang für den Westentaschengebrauch:

$$1 \text{ Nanojahrhundert} \approx Pi \text{ Sekunden}$$

Die Vorsilbe Nano steht für 1 Millardstel, also 10^{-9}. Ein millardstel Jahrhundert sind demnach ungefähr 3,14 Sekunden. Das ist eine Pi-mal-Daumen-Regel, die unter Softwareentwicklern beliebt ist, um Zeitspannen zwischen Sekunden und Jahren umzurechnen.

Easy *e* für Eulers Zahl gibt's auch noch. Das ist der Quotient

$$e \approx \frac{100\,^{\circ}\text{C}}{36{,}8\,^{\circ}\text{C}}.$$

Was hat nur die Euler'sche Zahl mit dem Siedepunkt von Wasser auf Meereshöhe und der normalen Körpertemperatur eines gesunden Erwachsenen zu tun? Auch ein Rätsel. Oder einfach ein Zufall. Ich neige zum Letzteren.

Ja, ja, *e* und *Pi*, die beiden berühmtesten Konstanten überhaupt. Sie treten an sehr vielen Stellen immer mal wieder unvermittelt auf. Meine Lebensfreude, zum Beispiel, hat einen Mathematikanteil von mindestens *e/Pi*.

Das soll's aber jetzt gewesen sein zum Thema dieser Konstanten.

Zum Abschluss gibt es noch die vom Mathe-Entertainer Royal Vale Heath geschaffene Gleichung

$$12 + 43 + 65 + 78 = 87 + 56 + 34 + 21.$$

«Ist ja nichts Besonderes», meint ihr jetzt wahrscheinlich. «Eine Summe von vier Zahlen, die gleich einer anderen Summe von vier Zahlen ist.» Das gibt's im Zahlen-Zoo an jeder Ecke.

Was aber ist, wenn ich euch sage, dass auf jeder Seite der Gleichung, also links und rechts vom Gleichheitszeichen, dieselben Ziffern 1 bis 8 verwendet werden? «Na gut», denkt ihr wahrscheinlich. «Gib mir eine Viertelstunde, dann bastele ich dir so was auch.» Und das glaube ich gerne. Also bisher immer noch nichts Besonderes.

Doch da ist noch mehr. Die Gleichung ist auch ein Palindrom. Die Zeichenabfolge von vorne nach hinten und von hinten nach vorne ist exakt gleich.

Habe ich jetzt eure Aufmerksamkeit? Das ist doch immerhin etwas, was man nicht so leicht aus dem Hut zaubert.

Und apropos zaubern: Richtiggehend magisch wird die anfangs noch unscheinbare Angelegenheit, sobald man erkennt, dass die Gleichheit zwischen links und rechts bestehen bleibt, wenn ich jede einzelne Zahl quadriere. Es ist nämlich auch

$$12^2 + 43^2 + 65^2 + 78^2 = 87^2 + 56^2 + 34^2 + 21^2.$$

Generell kann man sogar mächtig darüber hinausgehen. Man kann die Anfangsziffern auf der linken Seite, also, 1, 4, 6, 7, in völlig beliebiger Weise mit den Anfangsziffern der rechten Seite, also mit 8, 5, 3, 2, zu zweistelligen Zahlen kombinieren, und immer bleibt die Ziffernumkehreigenschaft für die Summe und für die Summe der Quadrate erhalten. Zum Beispiel geht auch

$$72 + 13 + 45 + 68 = 86 + 54 + 31 + 27$$

nebst

$$72^2 + 13^2 + 45^2 + 68^2 = 86^2 + 54^2 + 31^2 + 27^2.$$

Und das ist erst das zweite Paar, das ich mit obigen acht Ziffern kombiniert habe. Insgesamt gibt es $4 \cdot 3 \cdot 2 \cdot 1 = 24$ Paare von Gleichungen mit den erwähnten Eigenschaften.

Kommt denn jetzt wenigstens etwas Verzückung auf?

Na wunderbar. Und ich hoffe, die ist groß genug, dass ihr Lust habt, mit unseren Schnellrechen-Techniken des Quadrierens wenigstens einige dieser wunderbaren Gleichungen durchzuexerzieren und auf Richtigkeit zu prüfen.

Gleiche Anfangsziffer ...

Wir ziehen eins weiter. Es dürfte klar sein, was unter dieser Überschrift erwartet werden kann. Unter dieser Überschrift könnt ihr euch freuen auf Rechenbeschleunigungen für Produkte vom Typ

$$21 \cdot 23 = ?$$

Beide Faktoren haben dieselbe Zehnerziffer.

Die Ziffern der Lösung entstehen durch einen gedanklichen Dreisprung. Ein Quickstep: Die folgenden Schritte a, b, c ergeben jeweils die 1., 2., 3. Ziffer von hinten:

  a. Multipliziere die nichtidentischen Ziffern.
  b. Addiere die nichtidentischen Ziffern und multipliziere diese Summe mit der identischen Ziffer.
  c. Multipliziere die identischen Ziffern.

Und so benutzerfreundlich ist dies, dass wir diese Rohfassung direkt auf unser Beispiel anwenden können:

  Schritt a ergibt $1 \cdot 3 = \mathbf{3}$.
  Schritt b ergibt $(1 + 3) \cdot 2 = \mathbf{8}$.
  Schritt c ergibt $2 \cdot 2 = \mathbf{4}$.

Das sind die Ergebnisziffern, ballaststofffrei: $21 \cdot 23 = \mathbf{483}$

Und nun gleich ein unangekündigter Kurztest:

$$84 \cdot 85 = ?$$

Ihr habt die Lösung wieder genauso schnell, gell? Will jemand einen Quick-Check auf Richtigkeit machen?

Höchstwahrscheinlich habt ihr richtig gerechnet, falls ihr eine *Dreieckszahl* erhalten habt. Dreieckszahlen sind Zahlen, die sich als Summe aller Zahlen von 1 bis zu irgendeiner Zahl n ergeben. Was die Summenbildung betrifft: Der kleine Gauß lässt grüßen.

Die neu aufgetauchte Spezialtaktik funktioniert sogar mit dreistelligen Zahlen, wobei eventuell Überträge zu managen sind. Die treten auf bei:

$$213 \cdot 210 = ?$$

Wenn man die Schritte a, b, c auf das hintere Zahlenpaar sowie auf die vordere Ziffer anwendet, die bei beiden Zahlen identisch ist, erhält man:

$$13 \cdot 10 = 130$$
$$(13 + 10) \cdot 2 = 46$$
$$2 \cdot 2 = 4$$

Der ersten Zeile entnehmen wir das Paar **30** als letzte Ziffern der Lösung. Die 1 der Zahl 130 wird als Übertrag behandelt und zum zweistelligen Ergebnis 46 der zweiten Zeile addiert: $46 + 1 = \textbf{47}$. Diese beiden Ziffern bilden die nächsten beiden Lösungsziffern. Damit sind wir angekommen bei 4730.

Und sind fast fertig. Es fehlt nur noch ein kleiner Schritt. Dabei besteht allerdings die Möglichkeit, vor der Ziellinie noch ins Stolpern zu kommen. Da die Zahl 46 zweistellig ist, haben wir keinen (!) Übertrag, denn diesen hätten wir nur bei dreistelligem Ergebnis. Also müssen wir zum Ergebnis **4** der dritten obigen Zeile nichts hinzuaddieren und können sie direkt als noch fehlende Ziffer der Lösung einbringen, und zwar ganz vorne. Mit ihr kommen wir auf **44 730**. Zu beachten ist demnach bei dieser ganzen Unternehmung die Besonderheit, dass die Lösungsziffern paarweise gewonnen werden.

Also: $213 \cdot 210 = 44\,730$

Diese Methode ist zu trainieren an der nächsten Gleichung, die im dreistelligen Setting eine hübsche Spiegelungseigenschaft besitzt:

$$201 \cdot 204 = 402 \cdot 102$$

Und als Letztes gebe ich euch noch eine Multifunktionsübung, bei der gleich mehrere der bisher gezeigten Rechenregeln anwendbar sind:

$$11 \cdot 101^2 = ???211$$

Die richtige Antwort bildet ein Zahlenmuster.

So viel zum Thema gleiche Anfangsziffer.

Und nun?

... und nun gleiche Endziffer

Na gut. Das macht Sinn. Schon allein dramaturgisch. Da wir schon richtig aufgewärmt sind, fangen wir gleich mit den Leibesübungen an:

$$63 \cdot 43 = ?$$

Auch hierfür gibt es ein Step-by-step-Rezept, mit dem wir von der Einerstelle bis ganz nach vorne alle Lösungsziffern einzeln auskochen können.

Wieder sind es nur drei Schritte. Falls bei einem Schritt das Ergebnis zweistellig wird, notiere man nur die Endziffer und addiere die andere Ziffer als Übertrag zum Ergebnis beim nächsten Schritt:

   a. Multipliziere die identischen Ziffern.

   b. Addiere die nichtidentischen Ziffern und multipliziere diese Summe mit der identischen Ziffer.

   c. Multipliziere die nichtidentischen Ziffern.

Beim Einstiegsbeispiel führen diese Schritte zu folgenden Lösungsziffern von hinten nach vorne:

Schritt a ergibt $3 \cdot 3 = \mathbf{9}$.

Schritt b ergibt $(6 + 4) \cdot 3 = 30$. Die **0** ist vorletzte Lösungsziffer, die 3 bildet den Übertrag.

Schritt c liefert zunächst $6 \cdot 4 = 24$ und mit der übertragenen 3 schließlich **27**.

Ergebnis:
$$63 \cdot 43 = \mathbf{2709}$$

Nun kommen zwei Gleichungen zum Anwenden dieses Schemas. Sie sind pädagogisch wertvoll und haben ihre eigene Ästhetik. Denn sie drehen sich um den seltenen Fall, dass ein Rechenergebnis unverändert bleibt, wenn die Ziffern in beiden Faktoren vertauscht werden.

An diesen beiden Beispielen könnt ihr also die Verfahren fürs Rechnen bei identischen Anfangs- und Endziffern gleichzeitig einüben:

$$39 \cdot 31 = 93 \cdot 13$$
$$102 \cdot 402 = 201 \cdot 204$$

Und zum Abschluss noch ein kleines Solo der Zahl 121. Auch hier sind die Verfahren für die Handhabung gleicher Anfangsziffern oder gleicher Endziffern wahlweise anwendbar. Als Check für die Lösung: Sie sollte symmetrisch sein. Ist sie nicht symmetrisch, ist sie zudem noch falsch.

$$121 \cdot 121 = ?$$

Dieser kleine Duftpunkt sollte am Ende noch gesetzt werden.

Altchinesisch, mit Ess-Stäbchen

Seid ihr noch dabei? Habt ihr den Sprung in den neuen Abschnitt mitgemacht? Dann schätze ich mich glücklich, auch hier wieder eure Aufmerksamkeit zu haben.

Ohne lange Vorrede stelle ich euch ein bezaubernd schönes,

cooles und spektakulär ungewöhnliches Verfahren vor. Es dient dem schnellen Multiplizieren zweistelliger Zahlen. Damit hatten wir uns ja bereits befasst. Deshalb ist das hier schon der Zweitzugang zum Thema. Es ist eine alte, man könnte sagen handwerkliche Methode aus dem Reich der Mitte. Sie lässt sich auch bildlich darstellen. Als Abbildung ist sie ein visuelles Juwel auf einem ganz neuen Eleganz-Level und schon allein deshalb ein absolutes Mustsee!

Action-Mathematik mit Ess-Stäbchen

Die alten Chinesen haben sie erfunden, so wie sie auch schon das Papier, den Buchdruck und den Kompass lange vor den Europäern kannten. Diese manuelle Ess-Stäbchen-Methode zeigt die alten Chinesen als blitzgescheite Ideenhandwerker.

Hier ist ihr Beitrag für unser Abenteuerlabor des Schnellrechnens.

Er wird vorgestellt am Beispiel der Zahlen **21 · 32**.

Der Trick besteht darin, Zehner- und Einerstellen in entsprechende Anzahlen schräg angeordneter Linien zu übersetzen. Statt Linien tun es auch Ess-Stäbchen.

Die folgende Abbildung zeigt dies durch Codierung in Graustufen.

21 x 32

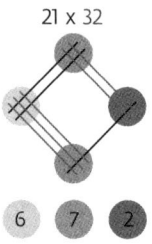

Sind die Linien gezogen bzw. die Ess-Stäbchen ausgelegt, müssen nur noch ihre Schnittpunkte in den markierten Bereichen abgezählt werden. Und schon fertig!

In unserer Firma wurde das ganze Rechenzentrum durch einen Chinesen mit Ess-Stäbchen ersetzt.

Sportiv, lässig und bildpostkartencool. Und irgendwie all dies zugleich.

Das ist doch einen Jingle wert! Aber nein, das reicht nicht. Besser noch ein Gong!

Das Beispiel zeigt den Prototyp der Methode. Aber auch die Nuance einer zweistelligen Zahl von Schnittpunkten brachte die alten Chinesen nicht aus dem Tritt. Wie haben sie darauf reagiert?

Natürlich durch Zehnerübertrag in der naheliegenden Weise.

Sehen wir uns den Ablauf bei $34 \cdot 53$ an.

Die nächste Abbildung ist ziemlich selbsterklärend. Und hübsch anzusehen ist sie zudem. Auch sie ein Candy fürs Auge.

34 x 53

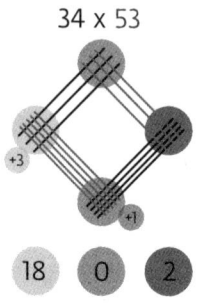

Ergebnis: **34 · 53 = 1802**

Nun seid ihr auf alle Eventualitäten vorbereitet. Zeit also wieder, selbst aktiv zu werden.

Checke mich!

$$12 \cdot 42 = 21 \cdot 24$$
$$23 \cdot 64 = 32 \cdot 46$$
$$46 \cdot 96 = 64 \cdot 69$$

Und Tschüss!

Mach's mal auf 'nem Gitter

Im Folgenden geht es um eine Multiplikationstechnik, die mindestens tausend Jahre alt ist. Die moderne Bezeichnung dafür ist Gittermultiplikation. Aufgetaucht ist sie zu verschiedenen Zeiten in verschiedenen Kulturen an verschiedenen Orten.

Sie findet sich etwa beim marokkanischen Rechenmeister und Astronomen Ibn al-Banna' al-Marrakushi (1256–1321). Dieser Gelehrte übersetzte Euklids *Elemente* ins Arabische und schrieb selbst einige Dutzend Bücher. Sein berühmtestes ist *Talkhis amal al-hisab*, was auf Deutsch so viel heißt wie *Zusammenfassung der Rechenmetho-*

den. Darin findet sich auch ein Gitterschema, das in der Abbildung für die Multiplikation **21** · **32** eingesetzt wird.

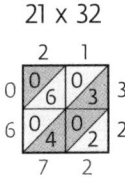

21 x 32

Schneller, cooler, altarabischer

Die obige Methode hatte einen Vorreiter in einem ähnlichen Verfahren, das sich in dem Buch *Kafi fil Hisab,* etwa *Das Buch der Befriedigungen,* von 1010 des persischen Gelehrten Muhammad al-Karadschi findet. Das habe ich recherchiert wie ein www-Wissenschaftler beim Wikipedieren. Aus der Wiki stammt auch noch die Info, dass al-Karadschi sogar ein erdkundliches Lehrbuch verfasste, in dem ausgefuchste geologische Theorien publiziert sind, die man bis vor einem halben Jahrhundert fälschlicherweise anderen Wissenschaftlern zugeschrieben hatte. Aber das wäre ein anderes Thema für ein anderes Buch eines anderen Autors.

Wir dagegen bleiben bei der Gittermultiplikation. Die letzte Abbildung ist fast selbsterklärend. Wer dennoch eine Erklärung wünscht, der findet sie hier: Man arrangiert die Ziffern **2** und **1** sowie **3** und **2** der zu multiplizierenden Zahlen nach Art des Schaubilds um ein Gitter. Dessen Kästchen sind in der angegebenen Weise halbiert. Dann werden die Ziffern miteinander multipliziert, in jedes Kästchen kommt das Produkt der darüber- und seitlich danebenstehenden Ziffern.

Die Produkte werden zweistellig in die Kästchen eingetragen, wobei die Zehnerstelle, eventuell ist sie 0, in der oberen Hälfte steht. Anschließend werden rechts beginnend die Ziffern in jeder Diagonalen addiert.

In der Diagonalen ganz rechts steht nur die **2**. In der Diagonalen daneben stehen die Ziffern 3, 0, 4. Deren Summe ist **7**. Die nächste Diagonale enthält die Ziffern 0, 6, 0 mit ihrer Summe **6**. In der verbleibenden Diagonalen steht nur eine **0**. Diese Diagonalsummen bilden die Ziffern der Lösung: **672**. So geht Rechnen mit Leichtigkeit. Das war ein Beispiel, bei dem das Gitterschema seine Schokoladenseite zeigen konnte.

Übrigens: Sollte sich bei der Summenbildung in den Diagonalen eine zweistellige Zahl ergeben, so wird nur deren Einerstelle als Ziffer der Lösung notiert und ihre Zehnerstelle der Summe in der nächsten Diagonalen zugeschlagen.

Und noch mal Übrigens: Die Methode verhält sich auch bei mehrstelligen Zahlen gutartig, wie sich anhand von **123·231** zeigt.

123 x 231

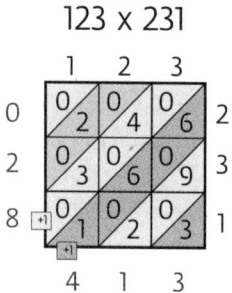

Ergebnisbericht: **123 · 231 = 28 413**

Ich glaube, hier könnte mal wieder das Wort «sexy» fallen, und es hat tatsächlich seinen Weg auf diese Seite gefunden. Sexy. Und zwar mehrfach, denn optisch sexy ist auch die gelungene Grafik.

Nun testen wir unsere neuen Kniffe am lebenden Objekt. Beide Vorschläge für Selbstversuche zeigen eine eigene Art von Symmetrie:

$$861 · 168 = 492 · 294$$
$$213 · 624 = 426 · 312$$

Tripel Trouble

Unter dieser Überschrift soll es um Kuben gehen. Kuben sind dritte Potenzen. Also Zahlen wie etwa

$$15^3 = ?$$

Nehmen wir eine zweistellige Zahl, deren Einerziffer b und Zehnerziffer a ist. Bei der Zahl 15 ist $a = 1$ und $b = 5$. Die Methode basiert auf der leicht zu überprüfenden binomischen Gleichung:

$$(a + b)^3 = a^3 + 3a^2b + 3ab^2 + b^3$$

Diese Gleichung können wir jedoch nicht direkt in der angepriesenen Form anwenden, weil wir es mit der Zahl $10a + b$ zu tun haben, nicht mit der schlichteren Summe $a + b$. Deshalb starten wir statt mit der binomischen Gleichung mit der Symbolik

$$(a \ \mathbf{I} \ b)^3 = a^3 \ \mathbf{I} \ 3a^2 \ b \ \mathbf{I} \ 3ab^2 \ \mathbf{I} \ b^3.$$

Diese wenden wir auf die Zahl 15 an. Rechnung ab!

$$(1 \ \mathbf{I} \ 5)^3 = 1^3 \ \mathbf{I} \ 3 \cdot 1^2 \cdot 5 \ \mathbf{I} \ 3 \cdot 1 \cdot 5^2 \ \mathbf{I} \ 5^3$$

Mit der Strich-Schreibweise kommen wir also zu

$$(1 \ \mathbf{I} \ 5)^3 = 1 \ \mathbf{I} \ 15 \ \mathbf{I} \ 75 \ \mathbf{I} \ 125.$$

Sind wir so weit, sind wir fast fertig. Aus dieser Zeichenfolge lassen sich die Lösungsziffern extrahieren. Der Zahl ganz rechts, also 125, entnehmen wir die **5** als Einerstelle und den Übertrag 12, der zur nächsten Zahl 75 hinzuaddiert werden muss. Das liefert $12 + 75 = 87$ und insofern eine **7** als Zehnerziffer der Lösung. Der Übertrag ist nun 8, der zur Zahl 15 hinzuaddiert werden muss. Das ergibt $8 + 15 = 23$ und also eine **3** als Ziffer für die Hunderterstelle. Der

Übertrag 2 kommt zur Zahl 1 hinzu. Die Tausenderstelle ist demnach mit der Ziffer $2 + 1 = 3$ besetzt. Diese vier Schritte bringen uns zu

$$15^3 = 3375.$$

Jetzt ist wieder mal Zeit für ein paar Do-it-Yourselfies. Alle sind ein klarer Verstoß gegen jede UN-Resolution zum Rechnen mit Potenzen. Zuerst kommt eine erstaunliche Gleichung zum Selberprüfen. Präsentiert sei sie hier zur Freude aller, die generell mit dem Potenzieren auf Kriegsfuß stehen. Denn manchmal hält das Schicksal eine glückliche Fügung bereit, die es erlaubt, das ganze schmückende Beiwerk wie etwa Hochzahlen, Rechenzeichen und Zwischenräume einfach über Bord zu werfen. Blüh im Glanze dieses Glückes:

$$16^3 + 50^3 + 33^3 = 165\,033$$

Beim Quadrieren findet sich ein noch handlicheres Fabrikat derselben Denkweise:

$$12^2 + 33^2 = 1233$$

Höchst anti-AdamRiesig war das zwar, aber dennoch ein gutes Stück Mathematik nach meinem Geschmack, von der ich wünschte, es gäbe mehr davon. Denkt man ergebnisorientiert, sind die vorgenommenen Manipulationen wunderbar fehlertolerant und zeitsparend. Besonders zeitsparend ist auch das Erzeugnis:

$$\frac{37^3 + 13^3}{37^3 + 24^3} = \frac{37^\lambda + 13^\lambda}{37^\lambda + 24^\lambda} = \frac{37 + 13}{37 + 24} = \frac{50}{61}$$

Aber Obacht. Veranstaltet diese und ähnliche Manöver bitte nicht insgeheim zuhause. Wegen der Risiken und Nebenwirkungen. Das Hauptrisiko ist, dass die Ergebnisse in den allermeisten Fällen falsch sind. Leider.

Dasselbe gilt für die nächste Operation: Aus einer störenden Hochzahl einfach die Luft rauslassen und sie auf Normalnull runterholen. Geht natürlich meistens gar nicht. Aber hier geht's:

$$31^2 \cdot 325 = 312\,325$$

Auch das kann nicht zur Nachahmung empfohlen werden.

Jetzt kommt eine noch größere Seltenheit, die vom Zahlen-ensemble der beiden folgenden Beispiele verkörpert wird:

$$(1 + 7 + 5 + 7 + 6)^3 = \mathbf{17\,576}$$
$$(1 + 9 + 6 + 8 + 3)^3 = \mathbf{19\,683}$$

Klammern, Pluszeichen, Potenzen: alles Schall und Rauch und überflüssig. Alles kann ausnahmsweise weg. Und wir machen nichts falsch beim Weglassen!

Die letzten beiden fetten Zahlen heißen Dudeney-Zahlen. Eine Dudeney-Zahl ist eine positive ganze Zahl, deren dritte Wurzel exakt gleich der Summe der Ziffern der Zahl selbst ist. Ist also nicht leicht für eine Zahl, die Voraussetzung zur Dudeney-Zahl mit sich zu bringen. Das spürt man ganz intuitiv. Es gibt überhaupt nur sieben solcher Zahlen: 0, 1, 512, 4913, 5832, 17 576, 19 683. Diese sieben Zahlen hatte ich im Hinterkopf, als ich vor ein paar Zeilen das Wort «ausnahmsweise» benutzte. Die sieben Zahlen sind die Ausnahmen, bei denen das Potenzieren auf die angenehme Weise geht.

Trachtenberg goes dreistellig

Jakow Trachtenberg war ein außergewöhnlicher Mensch. Das dürfte schon in einem früheren Abschnitt klar geworden sein. Mit einem außergewöhnlichen Lebenslauf und einer erstaunlichen Lebensleistung. Und so gibt es auch mehr als nur einen Beitrag in diesem Buch, der sich mit ihm und der Trachtenberg-Methode fürs Schnellrechnen befasst. Wie schon berichtet, hat Trachtenberg viele Jahre seines Lebens in Konzentrationslagern verbracht.

Um der Trostlosigkeit des Lagerlebens zu entgehen, zog er sich in jeder freien Minute in die Welt der Mathematik zurück. Ohne Papier und Bleistift entwickelte er durch rein mentale Kalkulationen zahlreiche Kopfrechen-Methoden.

Für alle, die frontal zum Abenteuer bereit sind, wollen wir uns jetzt mit voller Konzentration auf die Trachtenberg-Methode der Multiplikation dreistelliger Zahlen einlassen.

Den Einstieg bildet das Beispiel **231 · 102**.

Die Ziffern beider Zahlen werden untereinander notiert. Das kann man real auf dem Papier machen oder gedanklich, indem man es sich visuell vor seinem inneren Auge vorstellt.

$$2 \ 3 \ 1$$
$$1 \ 0 \ 2$$

Ist das verinnerlicht, können wir loslegen: Die Einerstelle der Lösung ergibt sich durch Multiplikation der Einerstellen der beiden Faktoren: $1 \cdot 2 = \mathbf{2}$.

Die Zehnerstelle der Lösung entsteht durch Überkreuz-Multiplikation

$$3 \cdot 2 + 0 \cdot 1 = \mathbf{6}.$$

Die drittletzte Stelle erfordert die um einen Tick längere Kalkulation

$$2 \cdot 2 + 1 \cdot 1 + 3 \cdot 0 = \mathbf{5},$$

und die nächste Stelle ist erhältlich mit

$$2 \cdot 0 + 3 \cdot 1 = \mathbf{3}.$$

Jetzt fehlt nur noch die Anfangsziffer. Aber die ist fast geschenkt:

$$2 \cdot 1 = \mathbf{2}$$

Damit haben wir alles zusammengetragen. Die nackte Wahrheit lautet:

$$\mathbf{231 \cdot 102 = 23\,562}$$

Und wenn eine Wahrheit schön ist, dann ist sie nackt noch einmal schöner. Abgespeckt dargestellt, kann das Produkt zweier dreistelliger Faktoren auf nur einer Kurzzeile nach und nach ziffernweise erhalten werden:

$$2\ 3\ 1$$
$$1\ 0\ 2$$
$$\mathbf{2\ 3\ 5\ 6\ 2}$$

Der skizzierte Ablaufplan funktioniert ganz schnörkellos, wenn das für jede Stelle errechnete Resultat einstellig ist. Sollte es mal zweistellig sein, müssen wir – wie zuvor schon öfter – mit Übertrag arbeiten. Das läuft ab wie erwartet.

Beispiel: **415 · 608**

Wieder muss zuallererst von allen Ziffern die Startaufstellung eingenommen werden:

$$4\ 1\ 5$$
$$6\ 0\ 8$$

Dann beginnen die gewohnten Kalkulationen. Die erste wird mit den letzten Ziffern beider Zahlen durchgeführt und ergibt $5 \cdot 8 = 40$. Und da ist sie auch schon: die Zweistelligkeit. Die letzte Ziffer hiervon ist die Einerstelle unseres Produkts, also die **0**. Die erste Ziffer (also die 4) addieren wir zur nächsten Rechnung hinzu, die nach demselben Strickmuster wie im ersten Beispiel für die Zehnerstelle des Produkts ausgeführt werden muss: $1 \cdot 8 + 5 \cdot 0 = 8$. Mit der übertragenen 4 kommen wir zur Zahl $8 + 4 = 12$.

Wieder ist das Ergebnis zweistellig mit einer **2** als errechneter Lösungsziffer und einer 1 als Übertrag, die dem Rechenergebnis für die nächste Lösungsstelle hinzugeschlagen wird:

$$4 \cdot 8 + 6 \cdot 5 + 1 \cdot 0 = 62.$$

Mit der übertragenen 1 erhalten wir 63. Von diesem Ziffernpaar wird die **3** als nächste Ziffer Teil der Lösung und die 6 wird übertragen. Nach dem inzwischen bekannten Muster rechnen wir

$$4 \cdot 0 + 6 \cdot 1 = 6,$$

was mit der übertragenen 6 auf 6 + 6 = 12 führt: **2** wird Teil der Lösung und 1 wird übertragen. So ergibt sich

$$4 \cdot 6 + 1 = 25,$$

was uns abschließend das Anfangspaar **25** beschert. Im Endergebnis haben wir:

$$\mathbf{415 \cdot 608 = 252\,320}$$

All das ist in kondensiertem Aufschrieb nicht mehr als

$$
\begin{array}{ccccccc}
 & & & 4 & 1 & 5 & \\
 & & & 6 & 0 & 8 & \\
\mathbf{2} & \mathbf{5} & \mathbf{2} & \mathbf{3} & \mathbf{2} & \mathbf{0} &
\end{array}
$$

Damit sind alle Eventualitäten abgedeckt.

Und mit diesen Essentials sind wir in der Lage, zwei beliebige dreistellige Zahlen mühelos im Kopf miteinander zu multiplizieren. Wer hätte das anfangs gedacht?

Natürlich erlaubt es das pfiffige Schema auch, eine dreistellige Zahl mit einer zweistelligen zu multiplizieren, indem die zweistellige durch Voranstellen einer 0 zu einer dreistelligen Zahl aufgestockt wird, also zum Beispiel die Zahl 73 als 073 bewirtschaftet wird.

Fazit also: Alles bis hin zur Dreistelligkeit der Faktoren ist beim Multiplizieren jetzt gebongt.

Uff, es war aber anstrengend, bis hierher zu gelangen, und manche Hirnwindungen sind vielleicht ein bisschen übererhitzt. Deshalb erst mal ab mit allen Windungen in den Cool-down-Raum, um bei einem Extra Special zu entspannen.

Extra Special: Moderner Elfkampf ...

... der soll hier und jetzt die Multiplikation einer beliebigen dreistelligen Zahl mit 11 bedeuten. Wie etwa in der Version:

$$729 \cdot 11$$

Das kann man natürlich 08/15-mäßig mit der gerade eben erworbenen Kompetenz erledigen. Aber für diesen Spezialfall gibt es eine sexy Praktik, die es wert ist, in jedes Kamasutra des Kopfrechnens Eingang zu finden.

Für alles Weitere ist die Zahl **729** eure zugeteilte Partnerin. Die 11 könnt ihr vergessen. Also dann: Kaum hörbar umkreist ihr eure Partnerin und fügt ihr vorne und hinten je eine 0 hinzu: 07290. Anschließend solltet ihr von hinten schrittweise Paare von Ziffern behutsam addieren, wobei ein auftretender Übertrag der nächsten Paar-Summe zugeschlagen wird. Zu kräftig zuschlagen aber nicht, sondern den Übertrag sanft hinzufügen. Hier ist das Ablaufdiagramm, das alle Einzelschritte auf dem Weg zum Endergebnis als Höhepunkt verdeutlicht:

$0+9=$ **9**   Das ist die hinterste Lösungsziffer.

$9+2=11$ Die vorletzte Ziffer der Lösung ist **1,** so wie auch der Übertrag 1 ist.

$7+2=9$ Mit dem Übertrag 1 ergibt das 10. Die drittletzte Lösungsziffer ist **0** und der nächste Übertrag ist abermals 1.

$7+0+1=$ **8**.

Das war's: **729 · 11 = 8019**

Bei einer längeren Zahl als Partnerin kann man genauso vorgehen, es dauert nur länger bis zum Höhepunkt. Man kann übrigens auch von vorne anfangen und sich nach hinten durcharbeiten mit dem partnerschaftlichen Addieren. Entsprechend liefert das auch die Lösungsziffern der Reihe nach von vorne bis hinten.

Was man vorzieht?

GeschmaXXache!

Beispiel: **53 178 · 11 = 0531780 · 11 = 584 958**

Nach dem Gesagten sind wir nun bestens vorbereitet, um einige Besonderheiten vom Zusammenleben der Zahlen zu überprüfen. Und zwar natürlich mit unseren Multiplikationspraktiken.

Wie zum Beispiel die Gleichung

$$6 \cdot 66 \cdot 666 = 263\,736,$$

die absolut wahr bleibt, wenn darin jede Ziffer um 1 vermindert wird, sie also geschrieben wird in der Form

$$5 \cdot 55 \cdot 555 = 152\,625.$$

Ein weiterer Zahlenzufall sei vermerkt, der sich einstellt bei der Multiplikation

$$39 \cdot 186 = ?$$

Als Ergebnis-Check kann euch die Info dienen, dass die fünf Stellen der beiden Faktoren und die vier Stellen des Ergebnisses alle neun Ziffern von 1 bis 9 genau einmal enthalten. Dasselbe gilt für

$$42 \cdot 138 = ?$$
$$48 \cdot 159 = ?$$

Das reicht erst mal wieder.

Es ist Zeit zum Verschnaufen.

Und dafür gehen wir scherzwärts zu einem arithmetischen Amüsier-Hotspot:

Ein Einschub mit 123: die lustigste Zahl

Jetzt sind wir schon fast am Ende des vierten Kapitels angekommen und haben noch nicht ein einziges Mal gelacht. Aber ich bin auch nur ein Mensch. Dies soll aber kein staubtrockenes Rechenknecht-Kompendium sein, sondern ein lebendiges Mathematikbuch. Und da die Mathematik so witzig und aberwitzig ist wie das Leben, war es auch nur eine Frage der Zeit, bis wir auf die lustigste Zahl im Zahlenraum stoßen. Und jetzt ist es passiert.

Das *Große Einszweidrei*

Ja, genau. Die mit Abstand lustigste Zahl ist 123.

Wieso?

Schreibt bitte irgendeine beliebige Zahl auf. Nehmen wir die

3 896 745 197 458 036 823 275.

Nun bestimmt die Anzahlen der geraden und der ungeraden Ziffern dieser Zahl sowie daraus durch Addieren die Gesamtzahl der Ziffern. Das gibt uns drei neue Zahlen. Aus diesen drei Zahlen wird durch simples Aneinanderhängen in der Reihenfolge ihrer Erwähnung eine neue Zahl geschmiedet.

Mit dieser Zahl macht man jetzt genau dasselbe wie mit der Ausgangszahl.

Wird dies wiederholt, immer und immer wieder, kommt man früher oder später zwangsläufig bei der Zahl **123** an.

Doch-doch, im Ernst. Das ist kein kalter Kalauer im Hochsommer, sondern absolute Mathe-Reality. Aber zugegeben, man könnte es erst mal für einen gespielten Witz halten. Deshalb haben wir die 123 ja auch zur lustigsten Zahl gekürt.

Mit unserer langen Start-Zahl bekommen wir im ersten Umlauf:

Anzahl der geraden Ziffern = 10

Anzahl der ungeraden Ziffern = 12

Gesamtzahl der Ziffern = 22

Und die neue Zahl lautet **101 222**.

Und mit dieser neuen Zahl wird genau dasselbe veranstaltet:

Anzahl der geraden Ziffern = 4

Anzahl der ungeraden Ziffern = 2

Gesamtzahl der Ziffern = 6

Die zweite neue Zahl ist **426**.

Heia Safari. Und aufs Neue:

Anzahl der geraden Ziffern = 3

Anzahl der ungeraden Ziffern = 0

Gesamtzahl der Ziffern = 3

Die dritte neue Zahl ist **303**.

Noch mal.

Anzahl der geraden Ziffern = 1

Anzahl der ungeraden Ziffern = 2

Gesamtzahl der Ziffern = 3

Und wir sind angekommen: **123**

Jeder weitere Umlauf liefert wieder die Zahl **123**.

Mit jeder beliebigen Zahl landet man früher oder später bei dieser an sich unscheinbaren Ziffernfolge **123**. Die Macht ist mit ihr. Ihr Wille geschieht. Sie hat etwas von einem Schwarzen Loch. Bei näherem Hinsehen entpuppt sie sich als das schwärzeste Schwarze Loch im Zahlenkosmos: Sie zieht alles ausnahmslos an, keine Zahl, die diesem Vorgang unterworfen wird, kann ihr entkommen. Das sagt viel aus über die Gravitation im Universum der Zahlen!

So weit die lustigste Zahl. Oder, wenn ihr so wollt, die Zahl mit dem stärksten Gravitationsfeld im Zahlenkosmos. Besteht noch Lust für ein

Rechne mich!

Ach, das wäre vielleicht eher ein Anti-Klimax?

Egal!

Hier sind zum Überprüfen und Vergleichen im Kopf zwei mal zwei Multiplikationen der besonderen Art. Zweimal zwei Double-Trouble-Palindrome. So nenne ich die jetzt einfach mal.

$$861 \cdot 168 = 492 \cdot 294$$
$$672 \cdot 276 = 384 \cdot 483$$

Und nun eine Pause, wenn auch nur kurz. Ich melde mich gleich schon wieder mit Quadraten.

Quadrierte Dreistelligkeit

Nach dem Quadrieren zweistelliger Zahlen und der Multiplikation dreistelliger Zahlen ist es nicht weit hergeholt, wenn wir uns an dieser Stelle abermals mit dem Quadrieren beschäftigen. Aber jetzt natürlich mit dem Quadrieren dreistelliger Zahlen.

Als Einstieg dient:

$$121^2 = ?$$

Hier gibt's die Gelegenheit für eine gute Nachricht. Und die ergreife ich denn auch sofort: Gegenüber der Vorgehensweise beim Quadrieren zweistelliger Zahlen ist keine ganz neue Methode nötig. Das ist gut zu wissen.

Der Anfang ist sogar total identisch. Auch hier beginnt man damit, die Zahl in zwei Teile zu zerlegen. Einen vorderen Teil und einen hinteren Teil. Der vordere besteht aus zwei Ziffern, der hintere aus einer. Symbolisch trennen wir beide mit einem Strich:

$$12 \mathbf{I} 1$$

Und jetzt bewältigen wir denselben sportiven Bewegungsablauf wie bei Zweistelligkeit: linke Seite quadrieren, rechte Seite quadrieren, in die Mitte kommt das Doppelte des Produkts beider Seiten. Daraus die Ziffern der Lösung von rechts nach links abschöpfen. Überträge, wenn sie auftreten, wie üblich weiterreichen. Aber Achtung: Die zweite Stelle ist der Übertrag.

$$12 \mathbf{I} 1 \rightarrow 12^2 \mathbf{I} 2 \cdot 12 \cdot 1 \mathbf{I} 1^2 \rightarrow 144 \mathbf{I} 24 \mathbf{I} 1 \rightarrow 14\,641$$

Also: $121^2 = 14\,641$

Die einzige Änderung gegenüber der Quadrierung zweistelliger Zahlen ist eine Erweiterung unserer Möglichkeiten. Denn man hätte die dreistellige Zahl, bevor man die Kurbel fürs Quadrieren ansetzt, auch anders in zwei Teile zerlegen können, als wir es eben getan haben: Eben kam zuerst der Zweierblock, dann der Einerblock. Andersherum geht es auch.

Macht man es umgekehrt, ist allerdings zu bedenken, dass bei der Verbuchung der Lösungsziffern auch zweistellig gearbeitet werden muss. Konkret bedeutet dies, dass hier erst ab der dritten Stelle der Zwischenrechnungen Ziffern übertragen werden dürfen. Das ist wichtig und sollte nicht durcheinandergebracht werden.

Das letzte Beispiel wird nun mit dieser anderen Gruppierung nochmals behandelt:

$$1 \textbf{ I } 21 \rightarrow 1^2 \textbf{ I } 2 \cdot 1 \cdot 21 \textbf{ I } 21^2 \rightarrow 1 \textbf{ I } 42 \textbf{ I } 441 \rightarrow 14\,641$$

Als Übung dient eine Zeile aus einem Design mit leicht entschlüsselbarer Systematik. Aber bitte mit den neuen Methoden ausrechnen und nicht durch Vergleich mit den anderen Zeilen ermitteln. Erst nach der Rechnung kann man durch Vergleich prüfen, ob die Rechnung richtig sein kann.

$$1 \cdot 1 = 1$$
$$11 \cdot 11 = 121$$
$$\mathbf{111 \cdot 111} = \mathbf{?????}$$
$$1111 \cdot 1111 = 1\,234\,321$$
$$11\,111 \cdot 11\,111 = 123\,454\,321$$
$$111\,111 \cdot 111\,111 = 12\,345\,654\,321$$
$$1\,111\,111 \cdot 1\,111\,111 = 1\,234\,567\,654\,321$$
$$11\,111\,111 \cdot 11\,111\,111 = 123\,456\,787\,654\,321$$
$$111\,111\,111 \cdot 111\,111\,111 = 12\,345\,678\,987\,654\,321$$

Ganz hübsch, diese Zahlenpyramide, oder? Ja, sie bringt einen Hauch von Cheops-pyramidalem Ägypten ins Reich der Zahlenkonstruktionen.

Auch die Aufgabe, auf die wir jetzt zusteuern, ist in ein größeres, hübsch anzuschauendes Ornament eingebettet. Wieder reichen für die Lösung im Prinzip die Anschauung und ein Hirn mit weniger

Windungen, als ein Korkenzieher sie hat. Aber wieder sollt ihr nicht einfach nur hinschauen und kombinieren, sondern die Rechnung in der dritten Zeile tatsächlich durchführen. Erst nach der Rechnung ... Aber ihr wisst schon.

$$9 \cdot 9 = 81$$
$$99 \cdot 99 = 9801$$
$$\mathbf{999 \cdot 999 = ??????}$$
$$9999 \cdot 9999 = 99\,980\,001$$
$$99\,999 \cdot 99\,999 = 9\,999\,800\,001$$

Diese Übung wirft eine Frage auf: Lässt die Multiplikation von Zahlen nahe bei 1000 eventuell auch wieder eine Abkürzung im Spurttempo zu?

Und die Antwort ist «Ja!». Mit allem, was ein gutes Ja sein kann: spannend, reizend, herzerwärmend. Um das «Wie denn?» könnten wir uns sofort kümmern. Tun wir aber nicht. Das kommt erst im nächsten Abschnitt. Ein bisschen Spannung muss sein. Oder zumindest Vorfreude. Oder auf die Folter spannen. Je nach individueller Bedürfnislage.

Bevor wir uns damit befassen, zeige ich euch, gewissermaßen als Vorhöhepunkt, noch ein paar außerordentliche Zahlenwunder. Das erste wurde von Richard Holmes entdeckt:

6	1	8
7	5	3
2	9	4

Sieht erst einmal nicht weiter spektakulär aus. Denn es ist lediglich ein 3×3-Zahlenschema, das aus einem Aufmarsch der Ziffern von 1 bis 9 besteht.

Gleichzeitig aber ist es noch viel mehr. Es ist ein quadratisches Etwas, bei dem die Einträge in jeder Reihe, jeder Spalte und auf den beiden langen Diagonalen dieselbe Summe ergeben: 15.

Doch das ist erst der Anfang. Denn diese unscheinbare Zahlen-

Ballung ist auch ein wunderbarer Fundus, um für unsere Zwecke Übungsaufgaben zu schöpfen.

Denken wir uns einmal die Ziffern jeder Reihe als eine Zahl. In der ersten Reihe steht dann die Zahl 618. Wenn man aus jeder Zeile bzw. jeder Spalte bzw. jeder Diagonalen von vorne und dann von hinten dreistellige Zahlen bildet, entstehen gültige Gleichungen:

$$618^2 + 753^2 + 294^2 = 816^2 + 357^2 + 492^2$$
$$672^2 + 159^2 + 834^2 = 276^2 + 951^2 + 438^2$$
$$654^2 + 132^2 + 879^2 = 456^2 + 231^2 + 978^2$$

Wir nähern uns dem Wohlgefühlgipfel mit einer krassen Eskalation. Denn alle diese Gleichungswahrheiten bleiben wahnsinnigerweise auch dann wahr, wenn in allen quadrierten Zahlentripeln die mittlere Ziffer ersatzlos gestrichen wird.

$$68^2 + 73^2 + 24^2 = 86^2 + 37^2 + 42^2$$
$$62^2 + 19^2 + 84^2 = 26^2 + 91^2 + 48^2$$
$$64^2 + 12^2 + 89^2 = 46^2 + 21^2 + 98^2$$

Ein Unikum und ein Unikat für die Weltkulturerbeliste der Zahlen-UNESCO.

Und wir sind mathe-happy. Schon bis hier. Doch das war's noch lange nicht. Da steckt noch viel mehr drin. Für unsere Zwecke wollen wir es dabei belassen. Wer aber tiefer schürfen möchte, wird an diesem Ziffernquadrat noch üppig viel Spaß haben, viel erforschen und manches entdecken können in dessen fabelhafter Beziehungswelt. Und jede zusätzliche Entdeckung bringt einen Karmapunkt.

Der gerade behandelte Ziffern-Mix ist ein Magisches Quadrat. Magische Rechtecke gibt's natürlich auch. Ein besonders subtil gestyltes wollen wir jetzt bestaunen:

69	345	186	872	756
366	642	582	278	558
168	246	87	575	657
762	147	285	377	954
663	543	483	179	855
564	48	384	674	459

Mit diesem Zahlenfeld lässt sich ein Zaubertrick zur blitzartigen Addition durchführen:

Der Zauberer bittet einen Zuschauer, aus jeder der fünf Zahlenspalten eine Zahl auf ein Blatt Papier zu schreiben und diese Zahlen zu addieren. Bevor er mit dem Addieren beginnt, liest er dem Zauberer die fünf Zahlen vor. Innerhalb von einer Sekunde kann der Zauberer die richtige Summe der fünf Zahlen angeben.

Dieser Zaubertrick ist beliebig wiederholbar. Und jedes Mal ist er neu. Denn immerhin gibt es 6^5 verschiedene Möglichkeiten, fünf Zahlen auszuwählen, aus jeder Kolonne eine.

Wie auch sonst bei zünftigen Zaubertricks kommt auch hier die Frage auf: Wie hat's der Meister vollbracht? Ich zeige es euch an einem Beispiel. Und dann werdet ihr erkennen: Ihr könnt es auch.

Nun zur Bedienungsanleitung: Nehmen wir an, der Zuschauer verliest die Zahlen 762, 345, 87, 179, 558.

Und zackbum, der Zauberer nennt die Summe **1931**.

Denn während der Zuschauer ihm die Zahlen vorliest, hat er deren letzte Ziffern addiert, also

$$2 + 5 + 7 + 9 + 8 = \mathbf{31}.$$

Das sind die letzten beiden Ziffern der gesuchten Summe. Die ersten beiden Ziffern der Summe bekommt er durch Subtraktion dieser Zahl 31 von 50:

$$50 - 31 = \mathbf{19}$$

Das lässt sich blitzschnell durchführen. So schnell, dass schon die Lösung da ist, kaum eine Sekunde nachdem der Zuschauer seine fünf ausgesuchten Zahlen verlesen hat. Die Mathematik ist halt eine schnelle Schlauermacherin.

So weit die einfache Mechanik des Tricks: Endziffern addieren, Summe von 50 subtrahieren. Beides zusammenfügen. Fertig! Das bringt selbst jeder unausgeschlafene ABC-Schütze und kann damit vor jedes noch so wache Publikum treten.

Bei gehobenen Ansprüchen und etwas mehr Muße könnte man auch nach dem Warum fragen. Nur zu!

Das Warum basiert darauf, dass in jeder Kolonne die mittleren Ziffern der Zahlen gleich sind und die ersten und letzten Ziffern sich jeweils zu derselben Zahl addieren. Reicht euch das als Tipp?

Ich hatte es nicht anders erwartet. Also gut!

Um die 1000

Nach einem kurzen Nickerchen geht's jetzt weiter mit der Frage nach dem Produkt

$$996 \cdot 985 = ?$$

Ein früherer Erfahrungssplitter kann uns zur Antwort hinführen. Mittlerweile sind wir schon so zahlenschlau, dass wir wissen, was bei ähnlichen Produkten in der Nähe von 100 zu tun ist. Deshalb ist die Methode für die aktuelle Aufgabe nicht vollkommen überraschend:

a. Subtrahiere 1000 von beiden Zahlen und schreibe die Differenzen rechts neben die Zahlen.

b. Bilde eine der beiden (identischen) Überkreuz-Summen und füge drei Nullen an.

c. Addiere zur Zahl in b. das Produkt der Differenzen von Schritt a.

Zurück zum Beispiel. Die Anfangsaufstellung gemäß Punkt a. sieht so aus:

$$996 \quad -4$$
$$985 \quad -15$$

Und damit verläuft der Weg zur Lösung wie folgt:

$$985 - 4 = 981 \rightarrow 981\,000 \rightarrow 981\,000 + (-4) \cdot (-15) = \mathbf{981\,060}$$

Also: $\mathbf{996 \cdot 985 = 981\,060}$

Und das Einstiegsbeispiel ist bestens gelöst.

Schnell ging's. Das wollen wir gerne noch mal erleben.

$$\mathbf{993 \cdot 1014 = ?}$$

Moment mal, das ist nicht ganz dasselbe Setting. Aber es ist nicht so vollkommen anders, dass unsere Schablone nicht mehr passen würde. Nur die Vorzeichen sind jetzt nicht mehr genauso wie oben. Die Rechnung ist es schon. Und hiermit fängt sie an:

$$993 \quad -7$$
$$1014 \quad +14$$

Der Weg zur Lösung geht über diese Stationen:

$$1014 - 7 = 1007 \rightarrow 1\,007\,000 \rightarrow 1\,007\,000 + (-7) \cdot 14 = \mathbf{1\,006\,902}$$

Also: $\mathbf{993 \cdot 1014 = 1\,006\,902}$

Auf ein Drittes:

$$\mathbf{1007 \cdot 1111 = ?}$$

Und wahrscheinlich ist jetzt klar, wie der Hase läuft.

Auf die Plätze!

$$1007 \quad +7$$
$$1111 \quad +111$$

Los!

Der Weg zur Lösung:

$$1111 + 7 = 1118 \rightarrow 1\,118\,000 \rightarrow 1\,118\,000 + 7 \cdot 111 = \mathbf{1\,118\,777}$$

Fertig!

Für die Ergebnisliste: $\mathbf{1007 \cdot 1111 = 1\,118\,777}$

Alternativ kann man auch mit einer binomischen Formel arbeiten:

$$a^2 - b^2 = (a + b) \cdot (a - b)$$

Aber nicht direkt in dieser Weise, sondern in der leicht umgestellten Form

$$a^2 = (a + b) \cdot (a - b) + b^2.$$

Und so wird's damit gemacht. Für

$$\mathbf{996^2} = ?$$

nehmen wir $a = 996$ und haben das b zur freien Verfügung. Das kann man natürlich geschickt und ungeschickt wählen. Gut hat man's gewählt, wenn die Rechnung leicht wird. Besonders geschickt ist es, $b = 4$ zu setzen. Dann muss man fast gar nicht mehr rechnen, nur noch einsetzen:

$$\mathbf{996^2} = (996 + 4) \cdot (996 - 4) + 4^2 = 1000 \cdot 992 + 4^2 = 992\,000 + 16 = \mathbf{992\,016}$$

Und nun wieder etwas zum Selbermachen. Als Ersetzungsübung könnt ihr euch versuchen an

$$\mathbf{990^2 + 100^2 = ???100,}$$

wobei ihr die Fragezeichen höchstwahrscheinlich richtig ersetzt habt, wenn euch an der Zahl etwas Besonderes auffällt.

Zu Ehren von 1089

Wir beenden dieses Kapitel mit der erstaunlichen Zahl 1089. Auf ihr lässt sich ein hübscher Zaubertrick aufbauen, mit jedem von euch als möglichem Zauberer (m/w). Die Vorführung bis zum Höhepunkt verläuft über fünf einfache Schritte.

Der Zauberer bittet einen Zuschauer, eine dreistellige Zahl aufzuschreiben, deren Ziffern von vorne nach hinten hin kleiner werden, und instruiert ihn dann: Kehre die Ziffernreihenfolge um und erzeuge so eine neue Zahl, die von der ursprünglichen Zahl abgezogen wird. Zu dieser Differenz addiere die ziffernweise von hinten nach vorne umgestellte Differenz.

Dann nennt der Zauberer das Ergebnis dieser Rechnung: Es ist 1089. Die Auflösung des Tricks ist easy. Hat der Zuschauer unfallfrei gerechnet, ist das Ergebnis immer 1089, ganz egal welche dreistellige Zahl am Anfang ins Rennen geschickt wurde.

Spielen wir ein konkretes Beispiel durch:

1)	dreistellige Zahl:	854
2)	umgedreht:	458
3)	subtrahiert:	$854 - 458 = 396$
4)	umgedreht:	693
5)	addiert:	$693 + 396 =$
6)	Ergebnis:	**1089**

Und weil's so schön war, das Ganze noch mal:

1)	dreistellige Zahl:	520
2)	umgedreht:	025
3)	subtrahiert:	$520 - 25 = 495$
4)	umgedreht:	594
5)	addiert:	$495 + 594 =$
6)	Ergebnis:	**1089**

Voilà. Habe ich etwa zu viel versprochen? Zwei verschiedene Zahlen, zwei verschiedene Rechnungen. Ein Endergebnis. Magie und Ekstase!

Und schon durchschaut?

Falls nicht, so hilft vielleicht dieser kleine Erklär-Clip:

Wir schreiben x, y, z für die drei Ziffern der Zuschauerzahl von vorne nach hinten. Sie lässt sich also schreiben als $100x+10y+z$. Umdrehen der Ziffernreihenfolge macht daraus die neue Zahl $100z+10y+x$. Zieht man die neue Zahl von der Zuschauerzahl ab, kommt man zu $99 \cdot (x-z)$. Diese Differenz ist positiv. Da die Ziffern der ursprünglichen Zahl eine absteigende Folge bilden, kann der Term $(x-z)$ höchstens 9 sein und muss mindestens 2 sein.

Der Term kann also nur acht verschiedene Werte annehmen, ebenso auch die Differenz $99 \cdot (x-z)$. Die acht möglichen Werte sind

$$198, 297, 396, 495, 594, 693, 792, 891.$$

Das ist ein sehr interessantes Zahlenensemble. Egal, welche dieser acht verschiedenen Zahlen ich nehme und dazu die Zahl mit umgekehrter Ziffernreihenfolge addiere, ich bekomme immer ein und denselben Wert für die Summe. Ihr ahnt es schon: Es ist 1089.

Sensationell. Das ist nicht nur eine Oberflächensensation, sondern eine regelrechte Zahlensymphonie. Genießen wir sie! Denn Mathe und Genießen gehören zusammen wie Rauhaar und Dackel.

Und Schnitt!

5. Teilen und Herrschen

Jetzt geht's ums Teilen. Also Division. Und Division ist schwer. Normalerweise jedenfalls. Im Schnitt ist sie von den vier Grundrechenarten die schwerste. Auch beim Kopfrechnen. Zum Beispiel: Während wir es mittlerweile ganz leicht finden oder zumindest leicht finden sollten, irgendwelche zweistelligen Zahlen im Kopf zu multiplizieren, ist die zweistellige Division in der Regel unhandlich. Und das nicht etwa nur, wenn die Sache nicht ganzzahlig aufgeht, sondern weil der Rechenprozess schwierig ist. Aber wir laufen davor nicht weg, sondern stellen uns jeder Herausforderung: Deshalb kommt das Thema jetzt auf die Tagesordnung. Kein Büchlein vom Schnellrechnen wäre vollständig, ohne euch in die Parallelwelt des professionellen Dividierens entführt zu haben.

Na, dann:

Per Anhalter zu den Divisoren

Aus dem Stand heraus werden wir uns mit einstelligen und zweistelligen Divisoren beschäftigen. Divisoren sind die Zahlen, durch die geteilt wird, die also als Nenner unter dem Bruchstrich stehen.

Das große Kürzungsmogeln

Dividieren könnte so einfach sein. In der besten aller möglichen Mathewelten sollte es wohl erlaubt sein, gleiche Ziffern in Zähler und Nenner direktemang wegzukürzen. Sollte, sollte. Es ist aber leider nicht erlaubt. Ich sage leider, weil es die Rechnung enorm abkürzen würde. Diese tolle Kürzungsabkürzung ist illegal. Meistens jedenfalls. Aber nicht immer, manchmal meinen es die Brüche auch gut mit uns:

$$\frac{532}{931} = \frac{5\cancel{3}2}{9\cancel{3}1} = \frac{52}{91}$$

$$\frac{4999}{9998} = \frac{4\cancel{999}}{\cancel{999}8} = \frac{4}{8} = \frac{1}{2}$$

Wow, sechs Neunen auf einen Streich wurden da «weggekürzt».
Und als Nächstes drei verschiedene Ziffern gleichzeitig:

$$\frac{3243}{4324} = \frac{32\cancel{4}3}{43\cancel{2}4} = \frac{3}{4}$$

Doppelter Tripeljubel!
Und der Höhepunkt:

$$\frac{1428571}{4285713} = \frac{14\cancel{2}85\cancel{7}1}{4\cancel{2}85\cancel{7}13} = \frac{1}{3}$$

Aber Obacht. Dies bitte nicht einfach so zuhause ausführen! Solch freches Ziffern-Rauskicken ist eigentlich mathepolizeilich verboten. Meistens missraten die Ergebnisse nämlich. Nur durch Zufall kommt man ungeschoren davon. Manchmal hat man halt Glück.

Glückliche Zufälle gibt es in allen Nischen aller Welten. Die Welt der Zahlen macht da keine Ausnahme. Auch das folgende Stück im Snack-Format für zwischendurch ist ein mathematischer Extrem-Zufall:

Die Division

$$8\,101\,265\,822\,784 : 8 = ?$$

scheint es auf den ersten Blick in sich zu haben. Doch die Macht ist mit uns. Vor unseren Augen entsteht die Lösung, wenn wir die Anfangs-8 dieser langen Ziffernkolonne vom Anfang bis ans Ende durchreichen. Divisionsergebnis also:

$$1\,012\,658\,227\,848$$

Schade, dass das nicht immer geht.

Einstelliger Divisor

So weit der Vorspann zum Teilen. Jetzt packen wir das Thema systematisch an. Klar, dass wir uns zuallererst um die Division durch eine einzige Zahl kümmern. Wie zum Beispiel um die Rechnung:

$$547 : 7 = ?$$

Irgendwelche Vorschläge?

Hier ist meiner:

Zuerst wird überlegt, wie viele Stellen das Ergebnis haben muss. Weil $10 \cdot 7 = 70$ ist und $100 \cdot 7 = 700$, muss das Ergebnis zweistellig sein. Geht gar nicht anders.

Zweitens prüfen wir, welches 10-Fache des Divisors 7 gerade noch in den Dividend 547 hineinpasst. Das ist 70, mit $70 \cdot 7 = 490$. Denn $80 \cdot 7 = 560$ geht schon über den Dividend hinaus. Machen wir also eine mentale Notiz, dass die Zehnerstelle der gesuchten Lösung eine **7** sein muss. Das 70-Fache, also die 490, ziehen wir nun vom Dividend 547 ab:

$$547 - 490 = 57$$

Hier angekommen, haben wir unser Pensum reduziert auf die Division:

$$57 : 7 = ?$$

Im Prinzip könnten wir jetzt denselben Schritt abermals ausführen. Allerdings ist hier sofort einsehbar, dass es ein einstelliges Ergebnis geben wird. Wegen $8 \cdot 7 = 56$ bleibt noch ein Rest von 1. Alles zusammengenommen ist

$$547 : 7 = 78 \; Rest \; 1.$$

Oder als Bruch aufgeschrieben:

$$\mathbf{547 : 7 = 78\frac{1}{7}}$$

Die liebenswerte Leichtigkeit aller Divisionen durch 9

Wirklich so leicht? Sehen wir mal:

$$\frac{23}{9} = 2 \: Rest \: 5$$

Die erste Ziffer von 23 ist eine 2, und das ist gleichzeitig die ganzzahlige Antwort.

Der Rest, der bei der Division bleibt, ist die Summe der Ziffern 2 plus 3 des Dividenden.

Noch mal machen?

Na, dann:

$$\frac{43}{9} = 4 \: Rest \: 7$$

Die erste Ziffer 4 ist der ganzzahlige Anteil.

Und $4 + 3 = 7$ ist der *Rest*.

So leicht, leichter geht's nicht!

Wird die zu teilende Zahl mehrstellig, wird das Muster noch deutlicher:

$$\frac{134}{9} = 14 \: Rest \: 8$$

Die Antwort besteht aus den Ziffern 1 und $1 + 3 = 4$ und $1 + 3 + 4 = 8$.

Wie entstehen diese Ziffern? Wieder kinderleicht:

1 ist die erste Ziffer von 134.

4 ist die Summe der ersten beiden Ziffern von 134.

8 ist die Summe aller drei Ziffern von 134.

Was tun, wenn Überträge auftreten?

No problem. Die werden in erwartbarer Weise gehandhabt:

$$\frac{842}{9} = 8(12) \: Rest \: 14,$$

was erst einmal gleich 92 Rest 14 ist, womit der vordere Übertrag 1 berücksichtigt ist.

Die Zahl mit dem Rest 14 ist ein Zwischenstand. Das sage ich deshalb, weil ein Rest von 9 oder mehr noch weiterverarbeitet werden muss, und zwar hier in der Form $14 : 9 = 1 \: Rest \: 5$. Die zusätzliche 1 wird der 92 zugeschlagen, womit wir zum Endergebnis 93 *Rest* 5 kommen.

Sag mir, ob du teilbar bist

Unser nächster Programmpunkt befasst sich mit den Teilbarkeitsregeln. Das ist ein beliebtes Thema. Es macht insofern Spaß, als man mit ein bisschen Übung den Zahlen ihre Teilbarkeit relativ leicht ansehen kann. Dafür gibt es nun einen Kurzlehrgang, in welchem der Autor den Leser in die wichtigsten Geheimnisse einführt.

Eine Zahl ist genau dann teilbar durch ...

... 2, wenn sie eine gerade Zahl ist, also als letzte Ziffer eine 0, 2, 4, 6 oder 8 hat.

... 3, wenn ihre Quersumme, also die Summe ihrer Ziffern, durch 3 teilbar ist. Dieser Teilbarkeitstest kann bei Bedarf nochmals auf die Quersumme angewendet werden.

... 4, wenn ihre letzten beiden Stellen durch 4 teilbar sind.

... 5, wenn ihre letzte Ziffer eine 0 oder 5 ist.

... 6, wenn sie durch 2 und durch 3 teilbar ist.

... 7, wenn das Ergebnis des folgenden Manövers durch 7 teilbar ist: Verdopple ihre letzte Ziffer und subtrahiere diesen Wert von der ursprünglichen Zahl ohne deren letzte Stelle. Dieser Teilbarkeitstest kann bei Bedarf nochmals auf das entstehende Rechenergebnis angewendet werden.

... 8, wenn die letzten drei Stellen durch 8 teilbar sind.

... 9, wenn die Quersumme durch 9 teilbar ist. Dieser Teilbarkeitstest kann bei Bedarf nochmals auf die Quersumme angewendet werden.

... 10, wenn ihre letzte Ziffer eine 0 ist.

Das war die erste Lieferung. Die reicht noch nicht ganz für den Meistergrad, aber später gibt es noch den richtig großen Teilbarkeits-Tamtam. Erst mal aber:

Ein Teilbarkeitstalisman

Das Ziffernensemble

$$3\,608\,528\,850\,368\,400\,786\,036\,725$$

ist eine 25-stellige Zahl und offensichtlich durch 25 teilbar. Nichts Besonderes. Aber wenn man von dieser Zahl nur die ersten N Ziffern als eigenständige Zahl nimmt, dann ist diese durch N teilbar. So ist zum Beispiel die 7-stellige Zahl $3\,608\,528$ durch 7 teilbar, wie sich mit unserer Litanei der Teilbarkeitsregeln leicht prüfen lässt.

Zweistelliger Divisor

Mit den bisherigen Überlegungen zur Division kann man schon eine ganze Menge anfangen. Sobald wir auf Divisionen durch zweistellige Zahlen stoßen, müssen wir aufgeben. Das ist kein Zustand. Um den Kampfplatz nicht unverrichteter Dinge zu räumen, mobilisieren wir alle Neuronen im wehrfähigen Alter. Nehmen wir das Beispiel

$$\mathbf{1359 : 61} = ?$$

und kombinieren: Wegen $10 \cdot 61 = 610$ und $100 \cdot 61 = 6100$ ist das Ergebnis zweistellig. Welches Zehnfache von 61 passt gerade noch in den Dividend 1359 hinein? Weil $20 \cdot 61 = 1220$ und $30 \cdot 61 = 1830$ ist, kann jetzt schon als gesichert gelten, dass die Lösung als Zehnerziffer eine **2** hat.

Als Nächstes ziehen wir 1220 von 1359 ab:

$$1359 - 1220 = 139$$

und begeben uns mit dieser neuen Zahl 139 auf die Suche nach der Einerstelle.

Die findet sich schnell, denn es ist $139 : 61 = 2$ *Rest* 17, und damit wird die komplette Lösung zu

$$1359 : 61 = 22 \; Rest \; 17.$$

Oder anders ausgedrückt:

$$1359 : 61 = 22\frac{17}{61}$$

Dezimales Intermezzo

Nun wird ein kleines Zwischenspiel aufgeführt, mit Brüchen und Dezimalzahlen. Einen Bruch in eine Dezimalzahl umzuwandeln, das geht mit Division. Aber wie wandelt man umgekehrt eine Dezimalzahl in einen Bruch um? Zum Beispiel die Dezimalzahl

$$0{,}724.$$

Es scheint bisher unser Glückstag zu sein, denn für diese Zahl ist das ziemlich easy und kaum der Rede wert. Das liegt an der Bedeutung der Ziffern nach dem Komma: Die Zahl besteht aus 7 Zehnteln, 2 Hundertsteln und 4 Tausendsteln. Auf die kleinste Einheit umgelegt sind das 724 Tausendstel. Also schreiben wir entsprechend

$$0{,}724 = \frac{724}{1000}.$$

Die Verallgemeinerung ist geschenkt: Wenn die Zahl n Nachkommastellen hat, dann bilde einen Bruch mit diesen Nachkommastellen im Zähler und der Zehnerpotenz, bestehend aus einer 1 und n Nullen im Nenner. So könnte es als Handlungsanweisung in einem How-to-do-Brüche-Buch stehen.

Was aber, wenn wir es nach dem Komma mit periodisch wiederkehrenden Ziffern zu tun haben, wie zum Beispiel bei der nicht abbrechenden Dezimalzahl

$$0,878787\ldots$$

Hier geht die Umwandlung genauso einfach, sie aber zu verstehen, dauert etwas länger. Man bilde einen Bruch mit den sich wiederholenden Ziffern (hier also mit 87) im Zähler und im Nenner mit einer Zahl, die aus genauso vielen Neunern besteht, wie die Zahl im Zähler Ziffern hat (hier sind das 2 Ziffern und die Zahl für den Nenner ist 99).

Damit haben wir

$$0,878787\ldots = \frac{87}{99}.$$

Das sieht komisch aus! Kann das denn richtig sein? Warum es so funktioniert, sieht man daran, dass das Hundertfache der Zahl $x = 0,878787\ldots$ genau 87 plus x ist. Das so Gesagte wird zur Formel

$$100x = 87 + x.$$

Daraus erhalten wir $99x = 87$ und dann sofort $x = \frac{87}{99}$.

Alles hat zwei Seiten. Und jetzt kommt die zweite Seite unserer kleinen Teilbarkeitstournee, die wir lange unterbrochen haben. Dafür sehen wir jetzt ihre absolute Schokoladenseite.

Aber seht selbst.

Eine Zahl ist genau dann teilbar durch ...

... 11, wenn ihre alternierende Quersumme durch 11 teilbar ist (z. B. 297 hat die alternierende Quersumme $2 - 9 + 7$. Um sie zu errechnen, versieht man von hinten nach vorn die Ziffern abwechselnd mit positivem und negativem Vorzeichen und summiert dann auf).

... 12, wenn sie durch 3 und durch 4 teilbar ist.

... 13, wenn das Ergebnis der folgenden Rechnung durch 13 teilbar ist. Sie besteht darin, das Vierfache der letzten Ziffer von der Zahl ohne ihre letzte Ziffer abzuziehen. Bei Bedarf kann diese Rechnung mehrfach durchgeführt werden.

... 14, wenn sie gleichzeitig durch 2 und durch 7 teilbar ist.

... 15, wenn sie gleichzeitig durch 3 und durch 5 teilbar ist.

... 16, wenn die letzten vier Stellen durch 16 teilbar sind.

... 17, wenn das Ergebnis des folgenden Verfahrens durch 17 teilbar ist. Es besteht darin das Fünffache der letzten Ziffer von der Zahl, ohne ihre letzte Ziffer abzuziehen. Bei Bedarf kann dieses Verfahren mehrfach angewendet werden.

... 18, wenn sie gleichzeitig durch 2 und durch 9 teilbar ist.

... 19, wenn das Ergebnis der folgenden Rechnung durch 19 teilbar ist. Sie besteht darin, das Doppelte der letzten Ziffer von der Zahl ohne ihre letzte Ziffer abzuziehen. Bei Bedarf kann die Rechnung mehrfach durchgeführt werden.

Wichtige Durchsage

Und wir unterbrechen unsere Liste für eine wichtige Teilbarkeitsdurchsage:

Werden die Zahlen von 1 bis 19 in umgekehrter Reihenfolge aneinandergefügt, dann lässt sich die entstehende 29-stellige Zahl

19 18 17 16 15 14 13 12 11 10 9 8 7 6 5 4 3 2 1

ohne zu murren durch 19 teilen.

Ende der Durchsage!

Wie bitte? War nicht wichtig?

Na, dann nicht.

... 20, wenn die letzte Ziffer eine 0 ist und die vorletzte Ziffer gerade ist.

Damit sind wir Eins-a grundausgestattet für jede Mathe-Motto-Party zum Thema Teilen. Nichts hindert aber daran, diese Liste ausufernd fortzusetzen. Doch auch schon so ist sie mehr als nur ein kleines Glück am Wegesrand. Wobei der letzte Punkt der Division durch 20 wegen seiner Simplizität nicht mehr repräsentativ ist. Im Schnitt werden die Teilbarkeitsregeln, wenn's höher hinauf geht, immer diffiziler.

Schneller Vorlauf bis 77

Das ist die Kernladungszahl von Iridium mit seinen 77 Protonen. Eins mehr und wir wären bei Platin. Das ist wirklich ein bekanntes Element. Weitgehend verkannt dagegen ist das arme Iridium. Doch nicht hier und nicht bei mir: Den folgenden Gedankensplitter widme ich deshalb dem Iridium.

Jede Zahl der Bauart xyzxyz ist durch 77 teilbar!
Beispielsweise $345\,345 : 77 = 4485$.

Außerdem kann ich noch Folgendes für die ganz eingefleischten Querdenker beisteuern:

Eine Zahl ist durch 77 teilbar, wenn ihre alternierende 3-er-Quersumme es ist.

Das kann natürlich nicht einfach so im Raum stehen bleiben, sondern muss kommentiert werden: Die erwähnte Art von Quersumme entsteht dadurch, dass man die Zahl von rechts beginnend in 3-er-Blöcke zerlegt und diese ebenfalls von rechts beginnend abwechselnd addiert und subtrahiert. Die alternierende 3-er-Quersumme der Zahl $808\,214\,176$ ist $176 - 214 + 808 = 770$. Da sich diese Quersumme klarerweise durch 77 teilen lässt, so auch die neunstellige Ausgangszahl. Fürwahr: $808\,214\,176 : 77 = 10\,496\,288$.

Und weiter geht's mit unserer Parabel von der Teilbarkeit. Und zwar in Richtung der Grenze der Mitteilbarkeit von Teilbarkeit.

Das wahrscheinliche Tao der Teilbarkeit

Hier wird zur gepflegten Kenntnisnahme das 28-stellige Zahlenmonster

$$5\_383\_8\_2\_936\_5\_8\_203\_9\_3\_76$$

aufgerufen, wobei an den zehn mit _ gekennzeichneten Stellen noch Ziffern eingefügt werden müssen.

Und hier meine Frage:

Wenn diese zehn offenen Stellen rein zufällig mit den Ziffern 0, 1, 2, 3, 4, 5, 6, 7, 8, 9 besetzt werden, etwa indem man sie nacheinander aus einem Hut zieht, wie groß ist dann die Wahrscheinlichkeit, dass die entstehende 28-stellige Zahl glatt durch 396 teilbar ist?

Hört sich kompliziert an. Versuchen wir die Zu-Fuß-Methode für den weglosen Weg. Sie besteht darin, sich alle $10 \cdot 9 \cdot 8 \cdot 7 \cdot 6 \cdot 5 \cdot 4 \cdot 3 \cdot 2 \cdot 1 = 10!$ verschiedenen Anordnungen der zehn Ziffern in die Lücken einzeln vorzunehmen und zu überprüfen, welcher Anteil hiervon durch 396 teilbar ist.

Das ist eine Beschäftigung für mehr als einen langen Winterabend, wenn nicht gar für mehr als einen langen Winter. Denn es gibt $10! = 3\,628\,800$ verschiedene 28-stellige Zahlen, die dann entstehen können. Und jede einzelne ist auf Teilbarkeit zu überprüfen. Selbst wer eine solche Geschwindigkeit erreicht, dass er zwei 28-Steller pro Minute abchecken könnte, müsste dreieinhalb Jahre in Klausur gehen. Wie gesagt, das wäre der Zeitverbrauch mit der Brute-Force-Methode für alle, denen gar nichts einfällt. Was natürlich euch und mich nicht einschließt. Wir gehen detektivisch an das Problem heran und sammeln Teilbarkeitsindizien.

Erstens sieht man unschwer, dass die letzten beiden Stellen, also 76, durch 4 teilbar sind, somit ist es auch die 28-stellige Zahl selbst, ganz egal, wie die zehn Lücken ausgefüllt werden.

Zweitens mag es jemandem aufgefallen sein, dass die zehn einzusetzenden Ziffern, deren Summe übrigens 45 ist, alle an ungeraden Stellen eingefügt werden, von hinten betrachtet. Die Summe aller Ziffern in ungeraden Positionen ist dann 45 plus $6+0+3+8=62$. Die Summe der Ziffern in den geraden Positionen ist $7+3+9+3+2+8+5$

+6+9+2+8+3+3+5=73. Die alternierende Quersumme als Differenz dieser beiden Anzahlen, also von 73 und 62, ist durch 11 teilbar, und demnach ist es auch die 28-stellige Zahl, und zwar wiederum bei beliebiger Einfügung der zehn Ziffern.

Drittens ist bei beliebiger Einsetzung die normale Quersumme, also 73+62=135, durch 9 teilbar, demnach auch die 28-stellige Zahl.

Fassen wir zusammen: Alle 3 628 800 verschiedenen Zahlen, die sich durch Einsetzen ergeben können, sind durch 4, durch 11 und durch 9 teilbar und deshalb auch durch $4 \cdot 9 \cdot 11 = 396$ teilbar.

Die richtige Antwort lautet demnach:

Mit einer Wahrscheinlichkeit von vollen 100 % ist die durch rein zufälliges Einsetzen aller zehn Ziffern entstehende Zahl durch 396 teilbar.

Wir können froh sein über diese glatte 100 %ige Antwort, die nichts an Wahrscheinlichkeit zu wünschen übrig lässt. Jemand sagte mir kürzlich, ein Wahrscheinlichkeitstheoretiker habe bewiesen, dass die Wahrscheinlichkeitstheorie bei weniger als 100 %iger Wahrscheinlichkeit wahrscheinlich nicht mal mehr wahrscheinlich ist. Doch das ist nur ein Bonmot. Eine Art von Murphy's Law.

Genauso wie die Faustregel, dass etwas, was nur mit Wahrscheinlichkeit fifty-fifty richtig ist, in neun von zehn Fällen falsch ist.

Das Letzte war wohl nicht mehr wirklich weise. Und deshalb ist eine Pause mehr als nötig.

Mathematik und 1 Martini

Die wunderbare Leichtigkeit der Teilbarkeitsproblem-Lösung animiert zu einem ähnlich leichten Sommertrink. Darf ich vorstellen: Der *Martini Jigger*

Zutaten:
1 Teil Martini Bianco
4 Teile Bitter Lemon

Wie 1946 die amerikanische Zeitung *Erewhon Daily Howler* berichtete, hatte Professor Euclide Paracelso Bombast Umbugio von der Universität von Guayazuela in jahrelanger aufopfernder Tätigkeit seine «Das Ende der Welt»-Formel entwickelt. Die Formel lautet

$$1492^n - 1770^n - 1863^n + 2141^n.$$

Was hat es damit auf sich? Und was hat die Formel mit dem Ende der Welt zu tun?

Nun, der Herr Professor hatte festgestellt, dass dieser Ausdruck durch 1946 teilbar ist, für alle ganzen Zahlen n beginnend mit 0 bis hin zu 1945. Bei den in der Formel auftretenden Werten 1492, 1770 und 1863 handelt es sich um geschichtliche Daten. Diese Jahreszahlen beziehen sich auf die Entdeckung Amerikas durch Christoph Kolumbus, das Jahr des Bostoner Massakers, das den Amerikanischen Unabhängigkeitskrieg mit auslöste, und die Gettysburg-Ansprache, eine der berühmtesten Reden des US-Präsidenten Abraham Lincoln.

Was könnte, so fragte sich der Herr Professor, die 2141 in der Formel bedeuten? Nun, messerscharf folgerte er, dass dieses Datum zweifelsfrei als Ende der Welt gedeutet werden müsse.

Was kann man zu dieser Zahlenmystik sagen?

Um den ganzen darin enthaltenen Unsinn zum Einsturz zu bringen, reicht der Hinweis, dass für beliebige ganze Zahlen x, a, b, n jeder mathematische Ausdruck der Form

$$x^n - (x + a)^n - (x + b)^n + (x + a + b)^n$$

immer durch das kleinste gemeinsame Vielfache der Zahlen a und b teilbar ist. Wow, das ist natürlich ein außerordentlicher Zahlenzufall.

Die Weltenformel des Professors ergibt sich daraus als der Sonderfall für $x = 1492$, $a = 278$ und $b = 371$. Dann ist nämlich:

$$x + a = 1770$$
$$x + b = 1863$$
$$x + a + b = 2141$$

Das kleinste gemeinsame Vielfache von 278 und 371 ist $278 \cdot 371 = 103\,138$ und die Zahl 1946 ist ein Teiler davon. Also ist naturgemäß 1946 und jeder andere Teiler von 103 138 auch ein Teiler des gesamten professoralen Terms.

Auf ähnliche Weise lässt sich mit selbiger Umbugio-Unfug-Logik auch beweisen, dass das Ende der Welt in irgendeinem anderen Jahr eintritt oder dass ich im Jahr 2021 für dieses Buch den Literatur-Nobelpreis zugesprochen bekomme. Denn was kann die Jahreszahl 2021 anderes bedeuten, wenn man bedenkt, dass ich nach 20-jährigen Vorarbeiten im Jahr 2012 damit begann, die ersten Zeilen für dieses Buch zu schreiben, 2016 dafür der Vertrag unterschrieben wurde und es 2017 im Buchhandel erschien. Dann ist nämlich für alle $n = 0, 1, 2, ..., 20$ der Term

$$2012^n - 2016^n - 2017^n + 2021^n$$

durch 20 teilbar.

Rechnen ist menschlich, umrechnen auch

Fibonacci kam schon an früherer Stelle vor. Es ist der Spitzname von Leonardo di Pisa, einem italienischen Rechenmeister des zwölften Jahrhunderts. Durch die nach ihm benannte Fibonacci-Folge ist er heute in Mathematikerkreisen ein Superheld.

Der Prototyp seiner Zahlenfolge entsteht, wenn wir mit einer 0 und einer 1 anfangen und fortlaufend die nächste Zahl der Folge als Summe der beiden vorhergehenden errechnen. Das ergibt: 0, 1, 1, 2, 3, 5, 8, 13, 21, 34, 55, 89, 144, 233, ...

Fibonaccis Zahlen haben eine Menge faszinierender Eigenschaften. Der Quotient zweier benachbarter Folgenglieder mit dem größeren im Zähler nähert sich der Zahl, die als *Goldener Schnitt* bezeichnet wird, nämlich 1,618... . Zum Beispiel ist der Quotient 21/13 = 1,615... und 34/21 = 1,619... .

Durch reinen Zufall ist es nun so, dass 1 Meile umgerechnet 1,609... Kilometer sind. Deshalb können wir mit Fibonaccis Hilfe Meilen flugs in Kilometer umrechnen. Man nehme dazu zwei aufeinanderfolgende Fibonacci-Zahlen, etwa 21 und 34. Dann sind 21 Meilen ungefähr 34 Kilometer (genauer sind es 33,79 Kilometer).

Das scheint einschränkend, ist es aber nicht. Will man eine Anzahl Meilen umwandeln, die keine Fibonacci-Zahl ist, drücke man die Zahl einfach additiv als Fibonacci-Zahl aus. Nehmen wir 100 Meilen. Wir wissen schon, dass das 160,9 Kilometer sind, aber wir wollen unseren Pi-Mal-Daumen-Kalkulator einsetzen.

Zunächst ist 100 = 89 + 8 + 3. Die auf 89, 8, 3 direkt folgenden Fibonacci-Zahlen sind 144, 13, 5 und deren Summe ist 162. Das ist der Schätzwert für 100 Meilen in Kilometern. Übrigens, will man von Kilometer zu Meilen gehen, gehe man genauso vor, nehme aber jeweils die vorausgehende Fibonacci-Zahl.

Was hätte Fibonacci dazu gesagt? Vielleicht hätte ihm das besser gefallen als seine Kaninchen. Obwohl, seine Kaninchenaufgabe ist schon auch gut. Dabei geht es um das Wachstum einer Bevölkerung von Kaninchen. Man fängt mit einem Paar neugeborener Kaninchen an. Dieses neugeborene Kaninchenpaar wirft vom zweiten Lebensmonat an in jedem Monat ein junges Kaninchenpaar. Jedes Kaninchenpaar im fortpflanzungsfähigen Alter gebärt jeden Monat ein weiteres Kaninchenpaar. Wie nimmt die Zahl der Kaninchenpaare Monat für Monat zu?

Nachdem das Teilbarkeitsdebakel der Weltenformel abgearbeitet ist, können wir wieder zu nützlicheren Teilbarkeitsweisheiten übergehen. Die erste bezieht sich auf Palindrome. Palindrome sind Zeichenfolgen, die von hinten und vorne identisch sind. Das können Wörter sein, wie etwa *Otto* oder *Reliefpfeiler*. Oder es können ganze Sätze sein wie der unerreichte Klassiker, der dem Philosophen Arthur Schopenhauer zugeschrieben wird:

Ein Neger mit Gazelle zagt im Regen nie.

Auch Zahlen können natürlich Palindrome sein, wie etwa die Zahl 121. Oder ganze Gleichungen. So ist zum Beispiel die Aussage

$$203\,313 \cdot 657\,624 = 426\,756 \cdot 313\,302$$

ein Palindrom. Das ist klar. Aber ist sie auch wahr? Ja!

Kürzungsabkürzung

Schade, dass es verboten ist, durch 0 zu kürzen.
Und wenn wir es doch tun?

$$\frac{201}{603} = \frac{2\cancel{0}1}{6\cancel{0}3} = \frac{21}{63} = \frac{1}{3}$$

$$\frac{403}{806} = \frac{4\cancel{0}3}{8\cancel{0}6} = \frac{43}{86} = \frac{1}{2}$$

Hier noch aus reiner mathematischer Unternehmungslust etwas Zahlenharmonisches zum Ausklang:

$$123\,456\,787\,654\,321 : 11 = 11\,223\,344\,332\,211$$

Teilbarkeit hat natürlich auch ihre Grenzen. Wer könnte besser darüber informieren als ein Lehrer oder noch besser der Verband aller Lehrer? Und dieser tat es mit dieser unteilbaren Wahrheit:
Besteht ein Personalrat aus einer Person, erübrigt sich die Trennung nach Geschlechtern.

Aus einer Informationsbroschüre des Lehrerverbandes Hessen

Vor dem nahenden Kapitelende soll als besonderer Leckerbissen noch eine Knobelei eingeschoben werden: Die Aufgabe besteht darin, alle fehlenden Ziffern einzusetzen.

```
XXXXX : XXX = XXXX,XXXX
XXX
 XXX
 XXX
  XXX
  XXX
   XXX
   XXX
    XXXX
    XXXX
```

Es ist nicht ganz leicht, das durchzuführen. Deshalb erläutere ich die Lösung im Schlendermodus.

In der alleruntersten Zeile steht eine vierstellige Zahl, und von dieser Zahl müssen die letzten drei Stellen allesamt Nullen sein. Auch zeigt die letzte Zeile, dass mindestens eine der Zahlen aus der Menge 1000, 2000, ..., 9000 exakt durch den Divisor teilbar ist. Da die Zahl 1000 die Primfaktorzerlegung $1000 = 2^3 \cdot 5^3$ hat, muss es demnach zwei einstellige Zahlen m und n geben, so dass der Divisor darstellbar ist als

$$\text{Divisor} = 2^3 \cdot 5^3 \cdot \frac{m}{n}.$$

Bis hier kamen wir in einem Rutsch. Und der geht sogar noch etwas weiter: Der Gleichung ist zu entnehmen, dass der Divisor durch 5 teilbar ist (durch 2 nicht unbedingt, da n immerhin gleich 8 sein könnte). Es bedeutet, dass die letzte Ziffer des Divisors eine 0 oder eine 5 sein muss.

Die vorletzte Zeile der Rechnung, bei der von einer 0 subtrahiert wird und wir eine von 0 verschiedene Zahl erhalten, zeigt uns, dass die letzte Stelle des Divisors nur eine 5 sein kann und die beiden letzten Zeilen der Rechnung jeweils von der Zahl 5000 gebildet werden. Der dreistellige Divisor der Divisionsaufgabe hat demnach eine 5 als letzte Stelle und muss glatt in 5000 aufgehen. Auch können wir sagen, dass er größer als 500 sein muss, denn sonst könnte mit keinem einstelligen Faktor in der letzten Zeile der Rechnung die Zahl 5000 erreicht werden.

Diese Eigenschaften identifizieren den Divisor eindeutig, denn es gibt nur einen einzigen dreistelligen Teiler von 5000 größer als 500. Dieser Teiler ist 625. Setzt man ihn ein, erhalten wir aus dem Verlauf der Rechnung leicht die Dezimalzahl 1011,1008 als Ergebnis. Den Dividenden ermittelt man anschließend durch Multiplikation von Quotient und Divisor:

$$1011,1008 \cdot 625 = 631\,938$$

Damit ist die gesamte Rechnung rekonstruierbar, und sie lautet:

```
631938 : 625 = 1011,1008
625
 693
 625
 688
 625
 630
 625
  5000
  5000
```

Habt ihr die Aufgabe gelöst? Oder zumindest die Lösung nachvollzogen? Gut gemacht!

Dann habt ihr euch einen Drink verdient in der Cool-down-Zone.

Welcher Drink könnte zur Abkühlung angebracht sein?

Honolulu Cooler

Zutaten:
2 Eiswürfel
3 Esslöffel Crushed Ice
1 Teil Grapefruitsaft
1 Teil Zitronensaft

2 Teile Maracujasaft
3 Teile Orangensaft
4 Teile Ananassaft

Zubereitung: Die beiden Eiswürfel und alle Säfte in einen Cocktail-shaker geben. Kräftig schütteln. Ein Longdrinkglas etwa zu einem Viertel mit dem Crushed Ice füllen. Das Gemisch aus dem Shaker dazugießen. Zur Dekoration auf einen Zahnstocher eine Scheibe Sternfrucht und eine Scheibe Kiwi und ein Stück Orange aufspie-ßen. Mit einem langen bunten Strohhalm servieren.

Die Umkehrung aller Werte

Das ist jetzt nicht der Beginn einer Kehrtwende, vielmehr wollen wir auf derselben Schiene noch ein wenig weitergleiten, indem wir einen Spezialfall der Division unter die Lupe nehmen: Kehrwerte.

Ein Kehrwert-Zufall

Die Wahrscheinlichkeit, dass unter 53 zufällig in einem Raum an-wesenden Personen keine zwei denselben Geburtstag haben, ist ziemlich genau gleich dem Kehrwert $1/53$. Fast sicher tritt also schon bei dieser recht kleinen Zahl von Personen mindestens ein Geburtstag mehrmals auf.

Kehrwerte sind ganz besondere Brüche. Nämlich solche, bei denen der Zähler den Wert 1 hat. Kehrwerte kann man mögen. Die alten Ägypter hatten eine besondere Vorliebe für Kehrwerte. Brüche mit anderen Zählern als 1 hatten für sie nicht denselben Sex-Appeal und standen bei ihnen nicht in demselben Ansehen.

Es bestand also eine ägyptische Zwei-Klassen-Gesellschaft in Be-zug auf Brüche. Die ging so weit, dass die alten Ägypter einen harmlosen Bruch wie 2/9 lieber als 1/5 + 1/45 schrieben. Die näherliegende Möglichkeit 2/9 = 1/9 + 1/9 war wohl zu simpel und bedeutete ihnen viel weniger.

Wenn man in Bezug auf seine Brüche so speziell ist, tritt natürlich sofort die Frage auf, ob man sich damit zu sehr einschränkt. Ob man überhaupt jeden möglichen Bruch zwischen 0 und 1 als Summe von endlich vielen verschiedenen Kehrwerten schreiben kann. Das könnte ein Problem sein. Zum Glück konnten die Rechenmeister der alten Ägypter irgendwann Entwarnung geben und verlauten lassen, dass dieses Problem nicht auftreten kann. Nie, für keinen Bruch.

Und es gibt sogar eine einfache Technik, alle Kehrwerte zu finden, die man für irgendeinen beliebigen Bruch braucht. Sie funktioniert so, wie man es sich nach kurzem Grübeln auch vorstellt. Um sie auf irgendeinen Bruch

$$m/n$$

anzuwenden, subtrahiere man den größtmöglichen Kehrwert, der die Differenz nicht negativ macht. Dann wird genau dasselbe mit dieser Differenz gemacht: man subtrahiere den größtmöglichen Kehrwert. Und so geht es weiter, bis eine Differenz irgendwann null ist. Dann hat man's.

Dieses mathematische Looping ist ein hübsches Rezept. Aber um ganz besonders hübsch zu sein, sollte es für jeden Bruch irgendwann zu einem Ende kommen. Denn wir wollen kein Schleudertrauma bekommen. Irgendwann muss Schluss sein mit dem Weitermachen im Kreisverkehr. Das ist es zum Glück auch, und zwar für jeden möglichen Bruch als Input. Wie aber können wir uns davon überzeugen?

Das ist unsere hauptsächlichste Frage.

Zuvor ist natürlich noch zu bedenken, wie man den größten Kehrwert überhaupt findet. Das ist vergleichsweise easy. Für diesen Zweck schreiben wir den Nenner n in der Form

$$n = sm + r,$$

wobei der Rest r höchstens $m - 1$ und mindestens 1 ist. Die natürliche Zahl s ist ebenfalls mindestens 1. In dieser Schreibweise ist der gesuchte größtmögliche Kehrwert genau $1/(s + 1)$. Denn es gilt

$$sm < n = sm + r < sm + m = (s + 1)m,$$

woraus beim Übergang zu Kehrwerten die beiden Ungleichungen

$$\frac{1}{sm} > \frac{1}{n} > \frac{1}{(s + 1)m}$$

entstehen. Jetzt noch mit m multiplizieren, und wir sind bei

$$\frac{1}{s + 1} < \frac{m}{n} < \frac{1}{s}.$$

Der angesprochene Vorgang endet auf jeden Fall irgendwann, denn es ist

$$\frac{m}{n} - \frac{1}{s + 1} = \frac{m(s + 1) - n}{n(s + 1)} = \frac{m(s + 1) - (sm + r)}{n(s + 1)} = \frac{m - r}{n(s + 1)}.$$

Das reicht, oder?

Doch! Denn nun schafft es die letzte Formelzeile gänzlich ohne uns. Denn ihr ist zu entnehmen: Von ganz links, also von m/n, nach ganz rechts hat sich der Zähler verkleinert von m auf $m - r$. Wiederholt man das Ganze, wird der nächste Zähler wieder kleiner als der vorhergehende. Dies kann nur bedeuten, dass nach höchstens $m - 1$ Schritten ein Bruch mit Zähler 1 erreicht ist als Differenz.

Ergo: Wir haben ein Verfahren gefunden. Es liefert Kehrwerte. Es ist praktisch umsetzbar. Und es endet nach endlich vielen Schritten.

Die alten Ägypter hätten sicher ihre helle Freude an der folgenden Beziehung gehabt, wäre sie ihnen damals schon bekannt gewesen:

$$1 - \frac{1}{3} + \frac{1}{5} - \frac{1}{7} + \frac{1}{9} - \dots = \frac{\pi}{4}$$

Für mich tritt dagegen die Frage auf: Wie um alles in der Welt schafft es die Kreiszahl nur wieder, sich bei diesem Gruppenbild der ungeraden Kehrwerte plötzlich aus dem Nichts von schräg hinten rechts ins Foto zu bomben? Was um alles in der Welt hat die Kehrwert-Kaskade mit *Pi* zu tun?

So weit der längere Vorspann mit den alten Ägyptern. Jetzt wird es langsam Zeit, ins Rechnerische einzutauchen.

Dafür biete ich einen extravaganten Einstieg an: die mir sehr lieb gewordene Division durch 19. Mit ihr besuchen wir die alten Inder. Ihre Rechenmethoden für Kehrwerte hat ein gewisser Bharati Krishna Tirthaji, vormals Abt des Klosters Govardhana, nach eigenen Angaben direkt aus den uralten indischen Veden abgeleitet.

Für die aktuelle Aufgabe relevant ist speziell die Sure *Ekadhika Purvena*, was so viel heißt wie «Eine mehr von der vordersten Zahl» (hier bedeutet es: eine mehr als die 1 in 19), die in unserer Situation zur zentralen Zahl 2 führt. Diese 2 ist deshalb für die Rechnung zentral, weil durch sie fortwährend geteilt werden muss.

Na gut, dann fangen wir damit an. Berechnen wir also

$$\frac{1}{19} = ?$$

Der Zähler dieses Bruches ist 1. Und der Zähler 1 durch 2 geteilt liefert 1 : 2 = 0 *Rest* 1. Davon kommt die Ziffer 0 in die Lösung und die Ziffer 1 in den Übertrag. Den Übertrag schreiben wir – hier und immer – links neben die zugehörige Ziffer und stellen ihn hoch. Bisher haben wir noch nicht viel, aber das, was wir haben, sieht so aus:

Fortwährend teilen wir weiter durch 2, und zwar innerhalb der schon durchgeführten Rechnung. Die Nachkomma-0 mit der 1 als Übertrag oben links vorne führt dazu, dass wir als Nächstes 10 durch zwei teilen müssen, und ähnlich wird es bei jedem Übertrag gehandhabt.

In den nächsten Schritten sehen die Rechnungen so aus:

$10 : 2 = 5$ (Diese 5 ist die nächste Ziffer der Lösung.)

$5 : 2 = 2$ *Rest* 1 (2 ist die nächste Lösungsziffer, 1 ist der Übertrag und kommt davor und wird hochgestellt. Beides zusammen macht es nötig, dass wir uns als Nächstes mit 12 befassen, also weiterrechnen müssen.)

$12 : 2 = 6$

$6 : 2 = 3$

$3 : 2 = 1$ *Rest* 1 (Und die Rechnung geht weiter mit dem Dividend 11.)

$11 : 2 = 5$ *Rest* 1 (Wir sind bei der 15, womit es anschließend weitergeht.)

$15 : 2 = 7$ *Rest* 1

$17 : 2 = 8$ *Rest* 1

$18 : 2 = 9$

$9 : 2 = 4$ *Rest* 1

$14 : 2 = 7$

$7 : 2 = 3$ *Rest* 1

$13 : 2 = 6$ *Rest* 1

$16 : 2 = 8$

$8 : 2 = 4$

$4 : 2 = 2$

$2 : 2 = 1$

$1 : 2 = 0$ *Rest* 1

$10 : 2 = 5$

Und von nun an wiederholt sich der ganze Durchlauf durch die Zahlenkolonne. Was wir errechnet haben, sieht so aus:

$$\frac{1}{19} = 0,{}^{1}05{}^{1}263{}^{1}1{}^{1}5{}^{1}7{}^{1}89{}^{1}47{}^{1}3{}^{1}68421{}^{1}05\ldots$$

Von hier aus ist es nur noch ein kleiner Schritt zur Lösungsdarstellung durch Streichen der Hochzahlen

$$\frac{1}{19} = 0,05263157894736842105\ldots$$

und zur Würdigung der Periodizität:

$$\frac{1}{19} = 0,\overline{052631578947368421}$$

Die zum Kehrwert gehörende Dezimalzahl entsteht also ziffernweise beim fortwährenden Dividieren. Die Hochzahlen leisten nur Hilfestellung für die nächste durchzuführende Rechnung und können mental auch weggelassen werden.

Was fällt mir dazu ein? Es ist atemberaubend zu sehen, dass die Methode es erlaubt, eine solch komplizierte Rechnung so schnell durchzuführen!

Die Magie von Eins durch Neunzehn

Und hier noch ein wunderbarer Zaubertrick, der auf genau diesem Rechenergebnis für den Kehrwert 1/19 beruht.

Durchführung: Der Zauberer hat auf ein großes Blatt oder eine Flipchart, jedenfalls für alle Zuschauer sichtbar, die folgende Zahl Z geschrieben:

$$52\,631\,578\,947\,368\,421$$

In der Hand hat er einen kreisförmigen Papierstreifen, auf dem ebenfalls Zahlen geschrieben stehen. Der Zauberer bittet einen Zuschauer, dreimal zu würfeln und die Augenzahlen zu addieren.

Anschließend soll der Zuschauer auf einem Taschenrechner seine gewürfelte Augensumme mit obiger Zahl Z multiplizieren. Der Zauberer hat vorausgesehen, welches Produkt das sein wird, denn er zerschneidet das Papierband und auf dem Papierstreifen findet sich genau die vom Zuschauer errechnete Zahl.

Funktionsweise: Die obige Ziffernfolge Z tritt in der Dezimalenfolge des Bruchs 1/19 auf. Es sind genau die 17 Ziffern, die nach dem Anfangsstück 0,0 beginnen und sich immer wiederholen. Außerdem ist es eine sogenannte zyklische Zahl, auch «Phoenix-Zahl» genannt. Wenn man eine Zahl durch 19 dividiert, können natürlich nur die Reste von 0 bis 18 auftreten. Das sind 19 verschiedene Reste. Teile ich also 1 durch 19, muss spätestens beim 20. Schritt ein Rest zum zweiten Mal auftreten, und dann wiederholt sich von dieser Stelle an die Ziffernfolge zyklisch. Beim Bruch 1/19 ist das tatsächlich genau der 20. Schritt, mit dem die Wiederholung einsetzt. Die verschiedenen Reste außer 0 sind vorher jeweils genau einmal vorgekommen. Was passiert nun, wenn man den Bruch 1/19 mit einer Zahl x multipliziert, die aus der Menge der Zahlen 1, 2, 3, …, 17, 18 stammt? Ja, genau: Man muss das nicht neu rechnen. Vielmehr ist die sich ergebende Dezimalenfolge genau dieselbe, als wenn man in der Dezimalentwicklung von 1/19 an einer Stelle anfängt, wo x als Rest in der Rechnung auftritt. Anders ausgedrückt, bekommt man dieselbe sich zyklisch wiederholende Ziffernfolge, wie sie der Bruch 1/19 dezimal geschrieben enthält.

Wer das eingesehen hat, dem wird schnell klar, wie der Zauberer seinen Trick vorbereiten muss. Vorab hat er die obige sich zyklisch wiederholende Ziffernfolge Z auf das kreisförmig geschlossene Papierband geschrieben, und zwar so, dass sie einmal ganz herum reicht. Wenn der Zuschauer die Summe x gewürfelt hat, muss der Zauberer sein Papierband nur noch an der richtigen Stelle aufschneiden. Um diese Stelle zu finden, überlegt er so: Angenommen, es wurde die 14 gewürfelt. Weil die obige Zahlenkolonne Z mit den Ziffern 21 endet, rechnet er $14 \cdot 21 = 294$. Damit bildet das Paar 94 die beiden letzten Ziffern des Produktes $x \cdot Z$. Folglich muss der Zauberer das Band nach den beiden Ziffern 94 aufschneiden, und direkt nach dem Schnitt beginnt die Zahlenfolge, mit der das Ergebnis $x \cdot Z$ beginnt. So einfach kann ganz große Magie sein.

Was wir gerade erlebt haben, ist kein Einzelfall. Generell haben die Kehrwerte von Primzahlen verblüffende Eigenschaften, auf denen mancher erstaunliche Zaubertrick aufgebaut werden kann. Wer noch ein Beispiel will, könnte sich mit dem Kehrwert meiner tagesaktuellen Lieblingszahl befassen:

$$\frac{1}{17} = 0{,}0588235294117647...,$$

und dann wiederholt sich diese Ziffernfolge mit der Null beginnend ad infinitum. Extrahieren wir diesen sich wiederholenden Ziffernblock ohne die Anfangsnull und multiplizieren ihn probeweise mit ein paar Zahlen:

$$5\,882\,352\,941\,176\,470 \cdot 2 = 11\,764\,705\,882\,352\,940$$
$$5\,882\,352\,941\,176\,470 \cdot 3 = 17\,647\,058\,823\,529\,410$$

Könnt ihr ein Muster darin erkennen?

Wunderbar! Dann überprüfen wir das entdeckte Muster doch mal bei der Multiplikation mit 7:

$$5\,882\,352\,941\,176\,470 \cdot 7 = 41\,176\,470\,588\,235\,290$$

Man kann das auftretende Muster auch folgendermaßen in Worte fassen: Bei der Multiplikation mit 7 bildet man das Produkt $7 \cdot 6 = 42$ und sucht anschließend die Zahl $5\,882\,352\,941\,176\,470$ nach einem Ziffernpaar ab, das etwas kleiner ist als 42. Es ist die Zahl 41. Sie tritt etwa in der Mitte von $5\,882\,352\,\mathbf{941}\,176\,470$ auf. Beginnend mit diesem Paar durchläuft man die ganze Ziffernfolge; hinten angekommen, wird vorne weitergemacht, bis unmittelbar vor das Paar 41, also bis zur Ziffer 9, und fügt am Ende noch eine Null an. So erhält man das Produkt.

Bei der Multiplikation mit der Zahl 3 bekommt man den Anfang der Ziffernfolge in Gestalt einer Zahl, die etwas kleiner ist als $3 \cdot 6 = 18$. Das ist die 17. Dann geht es nach Schema F weiter.

Auf dieser Struktur aufbauend, kann man sich natürlich auch

als beeindruckender Kopfrechenkünstler präsentieren. Man lege einem Bekannten die obige Zahl 5 882 352 941 176 470 vor und bitte ihn, sie mit irgendeiner Zahl zwischen 2 und 16 zu multiplizieren. Schneller als der Bekannte es mit dem Taschenrechner kann, nennt ihr die Ziffernfolge des Produkts.

Dasselbe funktioniert entsprechend mit dem Kehrwert von 29.

$$\frac{1}{29} = 0{,}0344827586206896551724137931\overline{0}$$

Auch hieraus lässt sich eine zyklische Zahl ableiten, nämlich

3 448 275 862 068 965 517 241 379 310.

Wieder ist es fast ein Kinderspiel, dieses Ungetüm mit jeder natürlichen Zahl bis 28 zu multiplizieren.

Dazu muss man die Denkweise von oben nur ein wenig anpassen. Das Zahlenungetüm beginnt mit dem Ziffernpaar 34. Angenommen, es soll mit 5 multipliziert werden. Wir bilden dazu das Produkt 34 · 5 = 170 und suchen anschließend einen Ziffernblock innerhalb der zyklischen Zahl, der etwas größer als 170 ist. Das ist das Zifferntripel 172. Damit beginnt das Produkt und durchläuft alle weiteren Ziffern der zyklischen Zahl bis zum Endstück ...310. Anschließend geht es am Anfang weiter bis direkt vor den Abschnitt 172. Hier angekommen, muss nur noch eine Null angefügt werden. Das Ergebnis sieht demnach so aus:

3 448 275 862 068 965 517 241 379 310 · 5
= 17 241 379 310 344 827 586 206 896 550

Und weil's so schön war, noch ein weiteres Beispiel: die Multiplikation dieser langen Zahl mit 11.

Jetzt müssen wir starten mit 34 · 11 = 374, wofür wir ja übrigens auch einen Blitztrick haben. Und nun scannen wir die zyklische Zahl nach einem dreistelligen Ziffernblock, der etwas größer ist als

374. Das ist der Dreierblock 379 fast am Ende. Mit diesem Tripel beginnt das Produkt und wird nach dem schon bekannten Schema fortgesetzt. Das Endergebnis ist:

$$3\,448\,275\,862\,068\,965\,517\,241\,379\,310 \cdot 11$$
$$= 37\,931\,034\,482\,758\,620\,689\,655\,172\,410$$

Puh, das war ein starkes Stück massive Arithmetik. Und insgesamt viel Stoff in diesem Abschnitt. Lassen wir ihn sanft ausklingen. Ohne allzu persönlich zu werden. Aber doch ein bisschen.

Ich vertraue euch noch meine Lieblingskehrwerte an. Eigentlich ist es eine ganze Kehrwertkollonade

$$\frac{1}{3} = 0,3\ldots$$

$$\frac{1}{3162} = 0,0003162\ldots$$

$$\frac{1}{316\,227\,766} = 0,0000000003162\,27766\ldots$$

$$\frac{1}{3162\,277\,660} = 0,0000000003162\,277660\ldots$$

Und wenn ihr euch bei Gelegenheit nochmals mit Kehrwerten animieren wollt, warum nicht mal die Kehrwerte der Zahlen von 29, 39, 49, ..., 99 mit der vedischen Methode berechnen.

$$\frac{1}{29} = 0,0^1 3^1 4^2 48^2 2\ldots$$

Unter diesen Kehrwerten verdient einer unsere Kapitelabschlussaufmerksamkeit. Und bekommt sogar einen eigenen Kasten.

Aber nun endlich zu etwas ganz anderem, wie es bei Monty Python
öfter heißt.

6. Ergebnis-Check

Wir eröffnen Kapitel 6, in welchem der Autor den Leser vertraut macht mit Methoden, die es erlauben, eine erhaltene Lösung auf Richtigkeit zu überprüfen. Nebenbei bemerkt, ist die Hälfte des Kapitels eine Hommage an die Zahl 9, die unter dieser Überschrift zu großer Form aufläuft und viel mehr wird als das, was man als Zahl erwarten kann, wenn man keine 10 ist. Immer noch nebenbei bemerkt, gilt Ähnliches auch für die Zahl 11 als Zwillingsschwester der 9 beim Ergebnis-Controlling.

Neunerprobe

Die Neunerprobe ist ein quicker Gesundheitscheck für die Lösungen von Rechenaufgaben. Schon Grundschüler können sie durchführen. Die Methode ist extrem alt und war schon dem katholischen Bischof Hippolytus bekannt, der im dritten nachchristlichen Jahrhundert in und um Rom seine Kreise zog. Und sogar er datiert sie noch weiter zurück: auf die alten Griechen, vornehmlich den schon damals legendären Herrn Pythagoras.

Das Hauptrequisit bei dieser Methode ist der Neunerrest. Der Neunerrest einer beliebigen Zahl ist die Summe ihrer Ziffern, also die Quersumme, und falls diese auch noch mehrstellig sein sollte, dann die Quersumme der Quersumme usw., bis die mehrmalige Quersummenbildung auf nur eine einzige Ziffer eingedampft wurde. Diese Ziffer nennt man den «Neunerrest».

Bei dem Unfall zog mein ganzes bisheriges Leben an mir vorbei, außer die Zeiten, als wir in der Schule die Neunerprobe hatten.

Der Zauber der Quersummen

Es gibt auch einen hübschen Zaubertrick, der auf dem geschickten Einsatz von Quersummen basiert. Er hat meist eine verblüffende Wirkung und ist für Zuschauer schwer zu durchschauen. Für den Zauberer dagegen ist der Trick ziemlich leicht auszuführen. Aus seiner Sicht ist es ein handzahmer Zahlenzaubertrick, ein Trick für faule Zauberer. Aber kein fauler Zauber.

Der Trick fängt damit an, dass der Zauberer auf ein Stück Papier eine vierstellige Zahl schreibt und dieses Papier in einen Umschlag steckt. Dann werden die Zuschauer einbezogen. Drei Zuschauern A, B, C gibt der Zauberer je einen kleinen Kartenstapel. Diese Stapel bestehen jeweils aus anfangs unbeschriebenen Karten, auf die der Zauberer vorab einige Zahlen geschrieben hat. Das gehört zur Vorbereitung des Tricks.

Auf den neun Karten von Kartensatz 1 stehen die folgenden Zahlen:
4286, 5771, 9083, 6518, 2396, 6860, 2909, 5546, 8174
In Satz 2 tragen die neun Zettel die Zahlen
5792, 6881, 7547, 3299, 7187, 6557, 7097, 5288, 6548.

Und in Satz 3 sind es die Zahlen

2708, 5435, 6812, 7343, 1286, 5237, 6470, 8234, 5129.

Der Trick spielt sich nun so ab, dass jeder der drei Zuschauer A, B, C aus seinem erhaltenen Kartensatz 1, 2, 3 eine beliebige Karte zieht. Angenommen, die drei gezogenen Karten tragen die Zahlen

5771, 6548, 2708.

Jetzt lesen die Zuschauer in der Reihenfolge A, B, C eine beliebige Ziffer ihrer Zahl vor, etwa 7, 8, 0.

Der Zauberer schreibt 780.

Dies wiederholt sich in derselben Reihenfolge mit den verbliebenen Ziffern: 1, 6, 7.

Der Zauberer schreibt 167.

Abermals wiederholt sich das Ganze mit den übrig bleibenden Ziffern: 7, 4, 2.

Der Zauberer schreibt 742.

Und schließlich noch ein letztes Mal: 5, 5, 8.

Der Zauber schreibt 558.

Nun bittet der Zauberer einen Zuschauer, die vier aufgeschriebenen Zahlen zu addieren:

$$780 + 167 + 742 + 558 = 2247$$

Liegt das Ergebnis vor, wird der Briefumschlag geöffnet, und darin steckt der Zettel, auf den der Zauberer genau diese Zahl geschrieben hatte.

Wie nur konnte er ahnen, dass sich diese Zahl als Summe ergeben würde?

Die Funktionsweise beruht darauf, dass alle Zahlen in jedem der drei Kartensätze dieselbe Quersumme haben. In Kartensatz 1 ist das die Quersumme 20, in Satz 2 die Quersumme 23, in Satz 3 die Quersumme 17. Das ist ein wichtiger Einblick.

Der Rest ist Formsache.

Die vier Ziffern der Zahl von Zuschauer C treten in der rechten Spalte der Addition der vier Zahlen auf, in irgendeiner beliebigen Reihenfolge. Ihre Summe ist 17. Bei der Addition schreibt man also 7 und überträgt 1. Mit dieser übertragenen 1 erhält man dann als Summe der zweiten Spalte von hinten, in der alle Ziffern der Zahl von Zuschauer B stehen, die Summe 24. Die 4 wird geschrieben, die 2 wird übertragen. Diese übertragene 2 ergibt mit den Ziffern der vordersten Spalte, die von den vier Ziffern der Zahl von Zuschauer A gebildet wird, die Summe 22. Das Ergebnis ist demnach 2247. Die Zahl auf dem Zettel.

Ungläubiges Staunen der Zuschauer.

Tolle Wirkung. Made by Mathematics.

Ode an einen Rest

Neunerrest. Die für einen Ergebnis-Check nützliche Tatsache besteht darin, dass der Neunerrest einer Summe gleich dem Neunerrest der Summe der Neunerreste der Summanden ist. Der Umkehrschluss besagt, dass bei Nichtübereinstimmung der Neunerreste die Rechnung nicht richtig sein kann. Garantiert nicht richtig. Bei Übereinstimmung dagegen ist die Rechnung nur wahrscheinlich richtig. Nur wahrscheinlich richtig deshalb, weil auch bei falscher Rechnung das Ergebnis durch Zufall den richtigen Neunerrest haben kann. Und uns so vorgaukelt, alles richtig gemacht zu haben. Der Neunerrestvergleich ist also kein Allrounder für todsichere Ergebniskontrolle.

Denn wisse: Schon schlichte Zahlendreher in der Lösung werden von der Neunerprobe nicht als Fehler erkannt. Nehmen wir als Belegexemplar die Gleichung

$$4298 + 3274 = 7527.$$

Der Neunerrest von 4298 ist gleich 5, da $4+2+9+8=23$ und $2+3=5$ ist. Der Neunerrest von 3274 ist 7. Der Neunerrest des Ergebnisses sollte dann gleich 3 sein, wegen $5+7=12$ und $1+2=3$. Eine Prüfung ergibt, dass dies zwar tatsächlich so ist, denn $7+5+2+7=21$ und $2+1=3$. Doch die Rechnung ist trotzdem falsch.

So ein Mist.

Das sage ich natürlich nur in meinem Kopf. Laut sage ich nichts. Oder höchstens und diplomatisch: Einen Oscar kriegt die Neuner-

probe deshalb nicht, nicht einmal für die beste weibliche Neben-
rolle. Selbst wenn ich einen solchen zu vergeben hätte.

Kein Grund aber, jetzt gleich die ganz große Trauerarbeit zu leisten. Die Neunerprobe ist zwar nicht todsicher, sie deckt aber im
Schnitt doch immerhin acht von neun Rechenfehlern auf. Manchmal muss man mit solchen Quoten einfach zufrieden sein. Zumal
sich ein kleiner Trost darin findet, dass die Neunerprobe nicht nur
bei der Addition als Prüfinstanz hilft, sondern auch bei Subtraktion und Multiplikation. Bei der Division funktioniert sie leider
nicht. Jedenfalls nicht direkt. Doch auch eine Division kann man
indirekt einem Schnelltest unterziehen, wenn man die Neunerprobe auf die dazugehörige Multiplikation anwendet. Über diesen Umweg kann man mit dem Neunerrest auch beim Dividieren,
zwar nicht restlos, aber immerhin höchstwahrscheinlich glücklich
werden.

Wer tiefer schürfen möchte, mag sich fragen, auf welcher Zah-
leneigenschaft die Neunerprobe beruht.

Ihre Funktionsweise bedient sich des folgenden Musters:

$$10 = 9 \cdot 1 + 1$$
$$100 = 9 \cdot 11 + 1$$
$$1000 = 9 \cdot 111 + 1$$
$$10\,000 = 9 \cdot 1111 + 1$$

usw.

In diesem Schema repräsentieren die Zahlen auf der linken Seite
die Wertigkeit der Ziffer 1, wenn sie an verschiedenen Stellen unseres Stellenwertsystems steht. Eine 1 ganz rechts zum Beispiel hat
einfach die Wertigkeit 1. Eine 1 in der zweiten Position von rechts
hat die Wertigkeit 10. Und entsprechend geht es weiter. Immer
nimmt die Wertigkeit um den Faktor 10 zu. Was bedeutet das für
unsere obige Beispielzahl 4298? Speziell, wenn wir das eben no-
tierte Muster bedenken.

Nun,

$$4298 = 4 \cdot 1000 + 2 \cdot 100 + 9 \cdot 10 + 8 \cdot 1$$
$$= 4 \cdot (9 \cdot 111 + 1) + 2 \cdot (9 \cdot 11 + 1) + 9 \cdot (9 \cdot 1 + 1) + 8$$
$$= 9 \cdot (4 \cdot 111 + 2 \cdot 11 + 9 \cdot 1) + 4 + 2 + 9 + 8.$$

Von hier kommt man sofort zu

$$4298 - (4 + 2 + 9 + 8) = 9 \cdot (4 \cdot 111 + 2 \cdot 11 + 9 \cdot 1).$$

Frage: Was heißt das im Klartext?

Antwort: Eine Zahl und ihre Quersumme unterscheiden sich nur um ein Vielfaches von 9.

Mit dieser Tatsache lässt sich direkt die weitere Vereinfachung rechtfertigen, dass bei der Berechnung von Neunerresten jede Ziffer 9 und sogar alle Ziffern, die sich zu 9 addieren, einfach gestrichen werden können. Das spart Rechenzeit.

Eine 9-mal-kluge Zahlenspezialität

Wenn man irgendeine Zahl mit 9 multipliziert und vom Produkt die Quersumme bildet und dann davon die Quersumme usw., bis man nur noch eine einzige Ziffer hat, dann ist diese letzte Ziffer todsicher eine 9.

Mal ausprobieren?

Warum nicht mit der Zahl

10 112 359 550 561 797 752 808 988 764 044 943 820 224 719 · 9 = ?

Und zwar so schnell wie möglich. Oder precipitevolissimevolmente, wie die Italiener dasselbe mit dem längsten Wort in ihrer eigenen Sprache sagen könnten.

Meinen Segen habt ihr. Und die Lizenz zum Lösen sowieso.

Schafft ihr es unter einer Sekunde?

Ihr denkt vielleicht, ihr habt nicht richtig gehört. Tja, um dieses Monstrum mit 9 zu multiplizieren, muss man nur die Ziffer 9 vom Ende der langen Zahl wegnehmen und an ihren Anfang stellen. Wer hätte das gedacht? Aber das hätte man natürlich erst mal überhaupt wissen müssen.

Mit keiner anderen Zahl im ganzen Zahlenuniversum funktioniert das übrigens auf diese einfache Weise. Wenn doch alle Zahlen bei der Multiplikation mit 9 so pflegeleicht wären wie unsere Freundin mit dem Vorbau 10 112.........

Nun ist es Zeit fürs handfeste Arbeiten mit der Neunerprobe. Sehen wir, was sie kann, am Beispiel der Division

$$8627 : 277 = 31 \text{ } Rest \text{ } 40.$$

Hier sind die Schritte in Kurzform:
1. Neunerrest von 31 ist 4
2. Neunerrest von 277 ist 7
3. Multiplikation der Neunerreste in Punkt 1. und 2. ergibt $4 \cdot 7 = 28$ mit Neunerrest 1
4. Neunerrest vom übrigbleibenden *Rest* 40 ist 4
5. Addition der Neunerreste in Punkt 3. und 4. ergibt 5
6. Neunerrest von 8627 ist 5

Die Neunerreste in Punkt 5. und 6. stimmen überein. Die Rechnung kann mit großer Wahrscheinlichkeit als richtig betrachtet werden.

Und hier noch ein weiteres Beispiel, diesmal aus dem Kuriositätenkabinett im Zahlenzoo:

$$111\,111\,111 \cdot 111\,111\,111 = 12\,345\,678\,987\,654\,321$$

Die Faktoren der linken Seite bestehen aus neun Einsen. Die Quersummen beider Faktoren sind also jeweils 9. Das Produkt dieser Quersummen ist $9 \cdot 9 = 81$. Und die Quersumme davon ist wieder 9. So viel für links.

Und jetzt zur rechten Seite der Gleichung. Wir haben zweimal die Summe der ersten acht natürlichen Zahlen plus eine 9. Mit der Formel vom kleinen Gauß für die Summe ist das gleich $2 \cdot \frac{8 \cdot 9}{2} + 9 = 81$. Wiederum. Also auch hier dieselbe Quersumme von 9.

Primzahlzwillingspaare, da war doch was ...

Ja, da war was. Man erinnert sich: Es ist immer noch nicht geklärt, ob es unendlich viele davon gibt. So viel ist bekannt. Aber das, was ich jetzt sage, dürfte neu für euch sein:

Die Neunerprobe des Produkts der beiden Primzahlen jedes Primzahlzwillingspaares außer 3 und 5 ist gleich 8.

Könnt ihr euch vorstellen, warum das so ist? Um unsere Vorstellungskraft anzukurbeln, könnten die folgenden schrittweisen Überlegungen weiterhelfen: Sind p und p+2 die beiden Primzahlen des Zwillingspaares, dann ist p+1 als Zahl zwischen ihnen einerseits durch 2 teilbar und andererseits durch 3 teilbar, da jede dritte Zahl durch 3 teilbar ist. Somit ist p+1 durch 6 teilbar. Die Zwillinge p und p+2 sind also von der Bauart 6k±1 und ihr Produkt hat die Gestalt $36k^2-1$. Und der Term $36k^2$ ist durch 9 teilbar.

Diese Eigenschaft von Primzahlzwillingen könnt ihr als Quick-Check verwenden, um eure Ergebnisse der folgenden Primzahlprodukte zu überprüfen.

$$29 \cdot 31 = ?$$
$$41 \cdot 43 = ?$$
$$107 \cdot 109 = ?$$
$$197 \cdot 199 = ?$$
$$857 \cdot 859 = ?$$

Dass die obige Aussage für das Primzahlpaar 3 und 8 nicht gültig ist, kann man natürlich als unschön ansehen und mit Punktabzug bewerten. Doch diese kleine Holprigkeit guckt sich weg, wenn man den Satz etwas umformuliert. Ersetzen wir also den Satz. Hier ist

Hesse[s] erster Ersatzsatz

Für jedes Paar aufeinanderfolgender Primzahlen ist die Neunerprobe entweder ihres Produktes oder ihrer Summe gleich 8.

Na bitte, wenn euch das lieber ist. Mir ist es nicht lieber. Deshalb ist es für mich ja auch nur ein Ersatz.

Verblüffend ist es aber immer noch.

Nicht mehr verblüffend dagegen ist nach dem über Neunerreste Gesagten jetzt die folgende Tatsache:

Die Differenz von irgendeiner beliebigen Zahl und der durch beliebige Umordnung ihrer Ziffern entstehenden Zahl ist immer durch 9 teilbar.

Altersdatierung ohne Kohlenstoffisotope

Bittet irgendjemanden, eine dreistellige Zahl aufzuschreiben, dann die drei Ziffern in anderer Reihenfolge zu schreiben, um noch eine weitere Zahl zu erhalten. Anschließend soll er die kleinere Zahl von der größeren abziehen und sein Alter in Jahren hinzuaddieren. Angenommen, das Ergebnis ist 375.

Das Lebensalter lässt sich daraus ermitteln, indem man von dieser Zahl den Neunerrest bestimmt. Hier ist er $375 \rightarrow 3+7+5 = 15 \rightarrow 6$. Zu dieser Zahl müssen nun so lange Neuner addiert werden, bis man zu einer Zahl kommt, von der angenommen werden kann, dass es das Lebensalter der Person ist: 15? 24? 33? 42? 51? 60? 69? 78?

Zur Durchführung des Tricks muss man also nur das Jahrzehnt des Lebensalters richtig einschätzen können. Das sollte aber, notfalls mit Sehhilfe, wohl möglich sein.

Ist das letzte Statement mit der Differenz klar?

Ja, natürlich, denn die Neunerreste beider Zahlen, deren Differenz gebildet wird, sind offensichtlich gleich. Somit ist der Neunerrest der Differenz durch 9 teilbar, also gleich 0 oder gleich 9. Folglich ist auch die Differenz selbst durch 9 teilbar, wie wir aus unseren Teilbarkeitsüberlegungen wissen. Und damit versteht man auch die Mathematik hinter dem Altersdatierungstrick im letzten Einschub.

Weiter oben hatten wir einen anderen verblüffenden Effekt besprochen, bei dem der Zahl 1089 eine besondere Rolle zukommt. Alle absteigenden dreistelligen Zahlen enden nach wenigen Ziffernmanipulationen bei dieser Zahl. Grund genug, die Zahl 1089 zu unserer heimlichen Freundin zu erklären. Und unsere Freundin hat noch weit mehr in petto.

Wollen wir uns das anschauen?

Dann schlüpfe ich in die Rolle des Puppenspielers und lasse die Zahlen tanzen.

Denkt euch bitte eine beliebige dreistellige Zahl. Diese Zahl multipliziert mit 1089.

Jetzt frage ich euch, wie viele Ziffern das Ergebnis hat.

Ich höre, wie ihr zählt: 2, 4, 6. Also 6 sind es.

Jetzt nennt mir bitte ganz beliebige fünf Ziffern dieser sechsstelligen Zahl. Irgendeine müsst ihr also weglassen. Ich sage euch dann, welche Ziffer ihr weggelassen habt.

Ich höre, wie ihr sagt: 9, 2, 5, 9, 1.

Dann ist die fehlende Ziffer eine 1.

Richtig?

Es konnte nur die 1 sein.

Der Trick beruht darauf, dass eine Zahl genau dann durch 9 teilbar ist, wenn ihre Quersumme durch 9 teilbar ist. Bei der Zahl 1089 ist das der Fall. Sie ist ein Vielfaches von 9. Ein Vielfaches von 9 bekomme ich auch, wenn ich ein Vielfaches von 9, wie es zum Beispiel 1089 ist, mit einer beliebigen ganzen Zahl multipliziere. Somit ist auch das errechnete Produkt durch 9 teilbar. Demnach addieren sich die Ziffern des Produkts ebenfalls zu einer durch 9 teilbaren Zahl.

Als Zauberer musste ich also nur die von euch genannten fünf Ziffern aufaddieren und kurz überlegen, welche Zahl bis zum nächstgrößeren Vielfachen von 9 noch fehlt. Die Summe eurer Zahlen 9, 2, 5, 9, 1 ist gleich 26. Und bis zur 27 fehlt dann nur noch eine 1.

Welche dreistellige Zahl hattet ihr denn gewählt für die Multiplikation?

– «471»

Aha, dann ist $471 \cdot 1089 = 512\,919$. Und die von euch nicht genannte Ziffer war tatsächlich eine 1.

So viel zu diesem kleinen Kunststück. Doch ein weiteres folgt sogleich.

Die Magie der Zahl 9

Durchführung: Ein Zauberer und ein Zuschauer nennen mehrere fünfstellige Zahlen. Nach der ersten vom Zuschauer genannten Zahl verkündet der Zauberer bereits die Summe, die sich einstellen wird, wenn alle Zahlen genannt sein werden.

Ist Zusch der Zuschauer und Zau der Zauberer, dann könnte sich ihr Dialog konkret so abspielen:

Zusch sagt: 27359.

Zau verkündet: Wenn du und ich nun abwechselnd je drei weitere fünfstellige Zahlen nennen, ist die Summe aller sieben Zahlen gleich 327356.

Zusch sagt: Da bin ich aber echt gespannt. Meine nächste Zahl ist 62175.

Zau sagt: Und meine ist 37824.

Zusch sagt: Na gut. Dann kommt jetzt 83261 von mir.

Zau sagt: Kein Problem. 16728.

Zusch sagt: 46815.

Zau sagt: 53184.

Das sind sieben Zahlen, die nun mit dem Taschenrechner addiert werden:

$$27359 + 62175 + 37824 + 83261 + 16728 + 46815 + 53184 = \mathbf{327\,356}$$

Bingo! Auf den Punkt genau das, was der Zauberer schon nach der ersten Zahl verkündet hatte.

Wie war ihm das möglich?

Dieser Trick trickst sich fast von selbst. Der Zauberer muss keinerlei mentale Klimmzüge machen. Er tut etwas und gleichzeitig nichts. Jedenfalls nichts, was mit Nachdenken verwechselt werden könnte. Hat der Zuschauer seine erste Zahl genannt, dann nennt der Zauberer diejenige sechsstellige Zahl, deren erste Ziffer eine 3 ist. Die nächsten beiden Ziffern sind die beiden Anfangsziffern der Zuschauerzahl. Die letzten drei Ziffern werden gebildet aus den letzten drei Ziffern der Zuschauerzahl minus 3.

Offen ist jetzt noch, welche Zahlen der Zauberer als Reaktion auf die nächsten drei Zuschauerzahlen nennen muss. Diese sind fast noch einfacher zu ermitteln. Er nennt jeweils die Zahl, die sich mit der Zuschauerzahl zu 99 999 addiert oder anders ausgedrückt: für die sich Zauberzahl und Zuschauerzahl ziffernweise zu 9 ergänzen. Damit ist alles erklärt.

Nach dem hübschen Zaubertrick, der keinen Fleiß erfordert, sollten wir mal wieder fleißig sein und etwas üben. Zur Neunerprobe.

Von den folgenden neun Gleichungen ist genau eine falsch. Welche ist es?

$$9 \cdot 9 + 7 = 88$$
$$98 \cdot 9 + 6 = 888$$
$$987 \cdot 9 + 5 = 8888$$
$$9876 \cdot 9 + 4 = 88\,888$$
$$98\,765 \cdot 9 + 3 = 888\,888$$
$$987\,654 \cdot 9 + 2 = 8\,888\,888$$
$$9\,876\,543 \cdot 9 + 1 = 88\,888\,888$$
$$98\,765\,432 \cdot 9 + 0 = 888\,888\,888$$
$$987\,654\,321 \cdot 9 + 1 = 8\,888\,888\,888$$

In dieser Zahlenpyramide ist es die letzte Gleichung, die von der Neunerprobe als falsch enttarnt wird. Mit Blick auf das fortschreitende Muster liegt die Vermutung nahe, in der letzten Gleichung die alleinstehende +1 durch eine −1 zu ersetzen. Dann wäre die Neunerprobe stimmig und die letzte Gleichung ist dann tatsächlich gültig.

Wieder ist es spät geworden. Zeit für ein Schmankerl zur Vorbereitung des langsamen Abgangs aus diesem Thema. Es ist ein wahnsinniges Quersummen-Rambazamba, bei dem man sich fragt, wie es sein Schöpfer, der britische Mathematiker Edward Mann Langley (1851–1933), im Jahr 1896 ohne Computer oder sonstige Hilfsmittel wohl ermittelt haben könnte. Hier ist seine Aussage, die sehr viel auf einmal aussagt:

Die Quersumme jedes Vielfachen vom 1-ten bis zum 72-ten der an sich nicht weiter erstaunlichen Zahl

$$2\,739\,726$$

ist 36. Jeder einzelne dieser ganzen Liste von 72 Neunerresten ist also gleich 9.

Man prüfe dies für das 72-te Vielfache und überzeuge sich, dass es für das 73-te Vielfache nicht mehr so ist.

Das war's dann so weit. Inhaltlich bricht nun eine neue Zeitrechnung an: die Zeit nach der Neunerprobe.

Elferprobe

Sie ist unser Joker. Zusätzliche Sicherheit gewinnt, wer zusätzlich die Elferprobe durchführt. Die Elferprobe haut noch ein paar Fehler raus. Sie funktioniert fast genauso wie die Neunerprobe, außer dass sie statt mit der Quersumme mit der entsprechenden vorzeichenbehafteten Ziffernsumme arbeitet. Also die Ärmel hochgekrempelt und hinein ins Vergnügen.

Elferprobe live

Die alternierende Quersumme der Zahl 4298 ist gleich

$$8 - 9 + 2 - 4 = -3.$$

Beginnend mit der Einerstelle werden die Ziffern also abwechselnd addiert und subtrahiert. Das, was am Ende herauskommt, ist der Elferrest. Wieder ein neues Wort.

Was der Elferrest uns bietet, erkennen wir mit dem Schema:

$$1 = 11 \cdot 0 + 1$$
$$10 = 11 \cdot 1 - 1$$
$$100 = 11 \cdot 9 + 1$$
$$1000 = 11 \cdot 91 - 1$$

usw.

Aufgrund dessen ist nämlich

$$4298 - (8 - 9 + 2 - 4) = 11 \cdot (4 \cdot 91 + 2 \cdot 9 + 9 \cdot 1).$$

Und was da steht, ist verallgemeinerungsfähig: Immer ist eine Zahl minus ihr Elferrest durch elf teilbar.

Der Bodengewinn mit der Elferprobe besteht darin, dass sie auch Zahlendreher als Fehler aufspüren kann. Führt man nach der Neunerprobe auch noch die Elferprobe durch und weisen beide nicht auf einen Rechenfehler hin, dann ist die Rechnung fehlerfrei im Schnitt in 98 von 99 Fällen. Das hört man gern. Denn das ist eine «an Sicherheit grenzende Wahrscheinlichkeit».

Hier sind zwei Beispiele, an denen ihr die Elferprobe überprüfen könnt. Das erste ist die palindromische Fügung

$$9306 \cdot 2013 = 3102 \cdot 6039.$$

Das zweite Beispiel ist ein überraschendes Produkt sehr krummer Zahlen, das sich beim Ausrechnen in Wohlgefallen auflöst, nämlich in die rundrum runde Sache einer mächtigen Zehnerpotenz mit satten 18 Nullen:

$$262\,144 \cdot 3\,814\,697\,265\,625 = 1\,000\,000\,000\,000\,000\,000$$

Überzeugt euch bitte, dass in beiden Fällen weder die Neunerprobe noch die Elferprobe an der Rechnung etwas zu bemängeln haben.

So weit erst mal. Und nun ein kurzer Boxenstopp, um euch zu erlauben, das Gelernte sacken zu lassen. Bis zur nächsten fetten Überschrift mache ich eine Schweigekur.

Und dann den Szenenwechsel!

7. Wurzelbehandlung

Hier spricht die Seite 131. Und ich setze alles auf Anfang. Denn mit mir beginnt im Buch eine neue Zeitrechnung. Bisher haben wir nur die Grundrechenarten behandelt. Wurzelziehen gehörte nicht dazu. Das kommt jetzt und ist ein Mega-Thema.

Wurzelziehen klingt schmerzhaft, ist aber doch überraschend sinnenfreudig. Wie wir sogleich erleben können. Sollte es dennoch hier und da unerquicklich werden, käme die Privathaftpflicht des Autors für die entstandenen Seelenschäden vollumfänglich auf. Hoffe ich jedenfalls.

... wenn ich eine Quadratzahl bin

Und los geht's. Wir sind on the road again, um uns zu noch höheren Höhen des Kopfrechnens aufzuschwingen. In den bisherigen Beiträgen zum Schnellrechnen haben wir mit verschiedenen Techniken des Multiplizierens hantiert.

Heute, hic et nunc gilt unser ungeteiltes Interesse dem Wurzelziehen. «Radizieren» nannte man das früher, und es ist die Umkehrung des Potenzierens. Etwas genauer gesagt, soll es erst einmal um Quadratwurzeln gehen. Für eine positive Zahl Z ist die Quadratwurzel von Z diejenige positive Zahl W, die mit sich selbst multipliziert Z ergibt. Zwischen beiden positiven Zahlen besteht also die Gleichung $W \cdot W = Z$.

Die Zahl $Z = 9$, zum Beispiel, hat die Wurzel $W = 3$. Eine weitere Lösung der Gleichung $W \cdot W = 9$ ist -3, denn auch $(-3) \cdot (-3) = 9$. Spricht man von der Wurzel einer positiven Zahl, meint man aber grundsätzlich die positive Lösung.

Eine ganzzahlige Lösung beim Wurzelziehen ist ein Spezialfall.

Schon der griechische Mathematiker Theaitetos von Athen hat um 380 vor Christus bewiesen, dass alle Wurzeln aus natürlichen Zahlen entweder ganzzahlig oder irrational sind. Irrational ist eine Zahl, wenn sie nicht als Bruch zweier ganzer Zahlen dargestellt werden kann. Dann ist sie eine Kommazahl mit unendlich vielen, sich nicht wiederholenden Dezimalen.

Zweimal geatmet, Wurzel gezogen

Wir werden sehen, dass Hochgeschwindigkeitswurzelziehen für bis zu fünfstellige Quadratzahlen leicht möglich ist. Das sind die Situationen, in denen das Extrahieren der Wurzel glatt aufgeht und diese höchstens dreistellig ist. Dieses rasche Radizieren geht in weniger als zwei Atemzügen. Ja, im Ernst.

Wanted: die Quadratwurzel W einer Quadratzahl Q

1. Schritt: Streichen wir die letzten beiden Stellen von Q, also die Einer- und die Zehnerstelle, und suchen die größte Zahl G, die quadriert kleiner oder gleich der durch die Streichungen entstehenden Zahl Z ist. G bildet die ersten Stellen der gesuchten Wurzel W.

2. Schritt: Betrachten wir nun die Einerstelle E der Quadratzahl Q. Mit ihr bekommen wir die letzte Ziffer L der Lösung, die dann einfach nur noch an G angehängt werden muss, um die gesuchte Wurzel zu erhalten. Das geht so:

Ist $E = 0$, dann ist $L = 0$.
Ist $E = 1$, dann ist $L = 1$ oder $L = 9$.
Ist $E = 4$, dann ist $L = 2$ oder $L = 8$.
Ist $E = 5$, dann ist $L = 5$.
Ist $E = 6$, dann ist $L = 4$ oder $L = 6$.
Ist $E = 9$, dann ist $L = 3$ oder $L = 7$.

Warum das so ist, dürfte klar werden, wenn man die Zahlen $L = 0$ bis $L = 9$ quadriert. Der Liste ist zu entnehmen, dass es meist zwei mögliche Endziffern für die Lösung gibt, außer wenn die Einerstelle der Quadratzahl $E = 0$ oder $E = 5$ ist. Um zu sehen, ob die kleinere oder die größere Endziffer zur richtigen Lösung führt, ist noch ein kleiner geistiger Haken zu schlagen: Man nehme das Ergebnis G von Schritt 1 und multipliziere es mit $G + 1$. Ist das Produkt $G \cdot (G + 1)$ größer als der Anfangsabschnitt Z, so ist die kleinere Zahl die richtige Endziffer. Andernfalls ist es die größere Zahl.

Das hört sich ziemlich abstrakt, wenn nicht gar vertrackt an. Machbar ist es aber ausgesprochen schnell.

Es ist besser und tut gut, dieses Verfahren in Aktion zu sehen. Nehmen wir dafür die Quadratzahl 841 zur Hand.

Streichen wir gemäß Rezept die letzten beiden Stellen, so bleibt nur die 8 übrig. Die größte ganze Quadratzahl, die nicht über die 8 hinausgeht, ist $4 = 2 \cdot 2$. Und schon haben wir die Anfangsziffer der Wurzel aus 841 gefunden. Es ist die 2.

Für den Rest brauchen wir die E- und L-Liste. Da 841 als letzte Ziffer eine 1 hat, muss nach Listeneintrag die Einerstelle der Wurzel entweder eine 1 oder eine 9 sein. Um zwischen beiden zu entscheiden, bilden wir das Produkt $2 \cdot 3 = 6$, was kleiner als die Anfangsziffer 8 ist. Demnach ist die größere Zahl 9 die letzte Ziffer der Wurzel. Die Lösung kann also nur 29 sein. Und in der Tat zeigt eine kleine Rechnung mit unseren früheren Methoden des schnellen Multiplizierens, dass $29 \cdot 29 = 841$ ist.

Unser zweites Beispiel soll die Quadratzahl 3844 sein.

Wir wissen, dass die Quadratwurzel dieser Zahl wiederum zweistellig ist. Wegstreichen der letzten beiden Ziffern von 3844 bringt uns zu 38. Da $6 \cdot 6 = 36$ die nächstliegende nicht größere Quadratzahl ist, erhalten wir eine 6 als erste Lösungsziffer. Da die Zahl 3844 auf 4 endet, kommt als Einer-Ziffer der Lösung nur eine 2 oder eine 8 in Frage. Da aber das Produkt $6 \cdot 7 = 42$ größer als 38 ist, muss es die 2 sein, und die Quadratwurzel lautet 62.

Unser drittes Beispiel ist die fünfstellige Zahl 19 321.

Der erste Schritt des Streichens führt auf 193, und wegen $13 \cdot 13 = 169$, aber $14 \cdot 14 = 196$, bekommen wir die 13 als Anfangsabschnitt der Lösung. Da die Einerstelle von 19 321 eine 1 ist, kann die Einerstelle der Lösung nur eine 1 oder eine 9 sein. Weil aber das Produkt $13 \cdot 14 = 182$ unterhalb von 193 liegt, ist die 9 richtig und unsere Lösung lautet 139.

Habt ihr Lust, es selbst zu probieren?

Dann ergeht dazu auch schon die Einladung. Hier sind drei Quadratzahlen zum selbständigen Bewurzeln:

961

5929

13 225

... oder auch nicht

Bis hierhin haben wir es uns noch recht einfach gemacht. Beziehungsweise: es war noch möglich, es sich einfach zu machen. Denn wir haben uns mit der Berechnung von Quadratwurzeln beschäftigt, wenn das Wurzelziehen ganzzahlig aufgeht. Trifft das nicht zu, ist die Wurzel eine nicht abbrechende, nicht periodische, unendliche Ziffernfolge. Dann lässt sich mithilfe einer Dezimalzahl bestenfalls eine Annäherung an die Wurzel erreichen. Das muss genügen, denn es geht nicht anders. Wie man eine gute Annäherung rasant-elegant bekommen kann, sehen wir jetzt.

Das Verfahren funktioniert bestens in Bereichen, in denen ihr die Quadrate ganzer Zahlen kennt. Also auswendig. Nehmen wir an, das sei der Bereich bis zur Quadratzahl 100. Das ist nicht zu viel verlangt, oder?

Als Auflockerungsübung berechnen wir die Quadratwurzel von $Z = 23$. Als Erstes brauchen wir die größte Quadratzahl, die Z nicht überschreitet. Offenkundig ist das die $16 = 4 \cdot 4$. Bei der gesuchten Lösung steht deshalb eine 4 vor dem Komma. Nennen wir diesen ganzzahligen Anteil W, um eine handliche Bezeichnung zu haben. Hier ist also $W = 4$.

Zweitens geht es jetzt um den Nachkommaanteil. Den schreiben wir als e, so dass die komplette Lösung $W + e$ ist.

Nach diesem Vorspiel folgt die Rechnung $Z = (W + e) \cdot (W + e) = W \cdot W + 2W \cdot e + e \cdot e$.

Da der Nachkommaanteil e kleiner als 1 und damit schon recht klein ist, kann $e \cdot e$ gegenüber den anderen beiden Summanden vernachlässigt werden. Dann ist Z also um ungefähr $2W \cdot e$ größer als die Quadratzahl $W \cdot W$.

Um unsere Rechengeschwindigkeit hoch zu halten, erlauben wir nur drei mögliche Werte für e, nämlich 0,25 und 0,5 und 0,75. Für $e = 0{,}25$ ist $2W \cdot e$ einfach die Hälfte von W, für $e = 0{,}5$ ist es gleich W und für $e = 0{,}75$ ist es das Eineinhalbfache von W.

Deshalb addieren wir nun zur Quadratzahl $W \cdot W$ die Hälfte von W beziehungsweise einmal W beziehungsweise das Eineinhalbfache von W und prüfen, welcher der drei sich ergebenden Werte am nächsten an Z liegt. Der zugehörige Wert für e wird anschließend zu W addiert und ergibt unsere Annäherung. Diese ist für die meisten praktischen Alltagszwecke ausreichend.

Nicht schlecht!

Das war das Programm, jetzt wird es umgesetzt. Addieren wir zur 16 also nun $1/2 \cdot 4 = 2$ beziehungsweise $1 \cdot 4 = 4$ beziehungsweise $3/2 \cdot 4 = 6$, so landen wir bei den Werten 18 beziehungsweise 20 beziehungsweise 22. Die letzte Zahl liegt am nächsten an 23. Der zugehörige Nachkommateil ist somit $e = 0{,}75$ und führt zu unserer Approximation 4,75. Der auf drei Nachkommastellen exakte Wert ist übrigens 4,795, so dass der Approximationsfehler geringer ist als 1 Prozent. Nicht schlecht.

Habt ihr Lust, es einmal selbst auszuprobieren?

Was sind denn die Quadratwurzeln von 85, 56, 77?

Wurzeln erklettern

Ein außergewöhnliches Tool fürs Wurzelziehen ist nach Theon von Smyrna benannt. Es ist nicht mehr ganz jung. Theon ist ja auch schon lange tot. Beschäftigt hat er sich damit um etwa 140 n. Chr. Anwendbar ist es auf beliebige ganze Zahlen. Alle Schritte des Step-by-step-Verfahrens beruhen auf ein und demselben sehr nützlichen Umstand.

Den wollen wir uns ansehen am Beispiel der Wurzel aus 2. Dem alten Theon war Folgendes aufgefallen: Falls

$$\frac{n}{m}$$

eine Annäherung an $\sqrt{2} = 1{,}4142\ldots$ durch einen Bruch ist, dann stellt der Bruch

$$\frac{n + 2m}{n + m}$$

eine noch bessere Annäherung an die Wurzel dar, aber aus der anderen Richtung. Der wahre Wert der Wurzel liegt demnach zwischen beiden Brüchen. Und damit nicht genug. Diese Verbesserung der Lösung durch eine Änderung des Quotienten lädt nun geradewegs dazu ein, auch den neu entstandenen Bruch wiederum auf dieselbe Weise zu ändern und zu verbessern usw.

Nimmt man also den zweiten Bruch als Ausgangspunkt, kann eine noch bessere Annäherung erreicht werden. Diesmal wieder aus der ersten Richtung. Der Theon-Trick ist demnach ein Power-Tool für schrittweises immer genaueres Wurzelziehen. Durch Einkreisen.

Beginnt man etwa mit $n = 1$ und $m = 1$, dann ist

$$\frac{n}{m} = \frac{1}{1} = 1$$

eine Annäherung von unten. Von hier führt der erste Schritt zu

$$\frac{n + 2m}{n + m} = \frac{3}{2} = 1{,}5$$

was eine bessere – tatsächlich schon recht gute – Annäherung von oben liefert.

Schön daran ist, dass jede Änderung eine Verbesserung bringt, die einen abwechselnd von oben und unten immer ein Stück näher ans Ziel heranführt. In dieser Serie der fortwährenden Verbesserungen schließen zwei aufeinanderfolgende Werte die gesuchte Lösung immer zwischen sich ein.

Schauen wir uns das real an.

Beginnt man wieder mit $n = 1 = m$ und führt die Methode immer wieder mit den entstehenden ganzen Zahlen als neuen Anfangswerten durch, ergeben sich nacheinander für n und m die folgenden Tabellenwerte:

m	n
1	1
2	3
5	7
12	17
29	41
70	99
169	239

Heutzutage heißt dieses Schema Theons Leiter. Auf ihrer siebten Sprosse haben wir zum Beispiel

$$\frac{239}{169} = 1,414201...$$

Obwohl Theon der Namenslieferant für dieses bemerkenswerte Schema ist und intensiv damit arbeitete, kannten es wohl schon die alten Babylonier. Sogar in einer weiter reichenden Form.

Einiges spricht dafür, dass dieses Verfahren auch von Archimedes im 3. vorchristlichen Jahrhundert verwendete wurde, um seine mysteriöse Annäherung an die Wurzel aus 3 zu erhalten, die er dann für seine Approximation an die Kreiszahl Pi verwendete. Seine Eingrenzung war

$$\frac{265}{153} < \sqrt{3} < \frac{1351}{780}.$$

Man kann das Theon-Schema leicht systematisieren. Dann wird auch in der Bezeichnungsweise deutlich, dass und wie die nächsten Werte von Zähler und Nenner aus früheren Werten hervorgehen.

Bei Theons Leiter nennen wir die linke Zahl auf der n-ten Sprosse x_n und die rechte Zahl in derselben Zeile y_n. Dann geht der Schritt von einer Sprosse zur nächsten so vonstatten:

$$x_{n+1} = x_n + y_n \text{ und } y_{n+1} = x_{n+1} + x_n$$

In der n-ten Zeile ist die Annäherung y_n/x_n und in der nächsten Zeile entsprechend y_{n+1}/x_{n+1}. Und diese nächste Annäherung liegt näher an der Wahrheit, aber auf der anderen Seite der Wahrheit.

Mit etwas zusätzlichem Raffinement kann man die Vorgehensweise sehr leicht auf die Quadratwurzel einer beliebigen Zahl $Z \geq 1$ verallgemeinern. Das geht so:

$$x_{n+1} = x_n + y_n \text{ und } y_{n+1} = x_{n+1} + (Z-1)x_n$$

Theon hatte sein Schema für die Annäherung an die Wurzel aus 2 ohne Beweis angegeben. Was die Verallgemeinerung angeht, so machen wir jetzt auch den Theon und ziehen beweislos weiter. Nämlich zu einem praktischen Beispiel: der Wurzel aus 3, die schon das Interesse von Archimedes erregt hatte.

Dafür müssen wir nur $Z = 3$ ansetzen und können zum Beispiel mit $x_1 = 1$, $y_1 = 2$ beginnen. Die Sprossen der Leiter sehen diesmal so aus:

x_i	y_i
1	2
3	5
8	14
22	38
60	104
164	284
448	776

Die bestmögliche Annäherung aufgrund dieser Zahlenwerte ist $776/448 \approx 1{,}73214$. Der auf 5 Nachkommastellen genaue Wert lautet 1,73205. Und wir sind happy again.

Schätz mich!

Wir spinnen den Faden des Wurzelziehens weiter. Aber nun in eine ganz neue Richtung. Man könnte auch sagen: Ich zeige euch jetzt eine ganz neue Masche dafür.

Noch viel einfacher als bisher können wir das Wurzelziehen mit einer Methode angehen, die man mit «Erst schätzen, dann checken» überschreiben könnte. Die versteht man am leichtesten an einem pädagogisch wertvollen Beispiel.

Nehmen wir uns die Wurzel aus 73 vor.

Weil $8^2 = 64$ ist und $9^2 = 81$ ist, können wir ohne viel Aufwand schon sagen, dass $\sqrt{73}$ größer als 8 ist, aber kleiner als 9. Da die Zahl 73 etwa in der Mitte zwischen 64 und 81 liegt, prüfen wir als Nächstes den Wert 8,5. Den müssen wir quadrieren. Mit unseren früheren Methoden für die Multiplikation solcher zweistelligen Zahlen, die beide auf 5 enden, erhalten wir zuerst $85 \cdot 85 = 7225$. Ich bin mir sicher, ihr wisst noch, wie man das mit zwei Handgriffen schnell erledigt: Die ersten beiden Ziffern der Lösung sind das Produkt $8 \cdot 9 = 72$, daran wird das Produkt der Einerstellen $5 \cdot 5 = 25$ angehängt. Fertig!

Mit Komma kommen wir zu $8,5 \cdot 8,5 = 72,25$, was gegenüber unserer Zielmarke 73 ein etwas zu kleiner Wert ist. Aber wir sind schon ganz nah dran.

Prüfen wir deshalb als Nächstes das Quadrat von 8,6. Wegen $86 \cdot 86 = 7396$ haben wir mit 8,6 offensichtlich etwas über das Ziel hinausgeschossen. Aktueller Stand somit: Die gesuchte Wurzel $\sqrt{73}$ ist größer als 8,5 und kleiner als 8,6. Wahrscheinlich liegt die Wurzel aber etwas näher am Wert 8,5, weil dessen Quadrat 72,25 näher an der Zielmarke 73 liegt als 73,96. Deshalb könnten wir als Approximation nun $\sqrt{73} \approx 8,54$ benutzen. Und könnten es dabei bewenden lassen.

Oder wir treiben unser Spiel noch eine Umdrehung weiter: Wegen $854 \cdot 854 = 729\,316$ liegen wir mit 8,54 unter dem tatsächlichen Wert der Wurzel. Doch wegen $855 \cdot 855 = 731\,025$ ist 8,55 schon zu groß. Für die Durchführung beider Rechnungen im Kopf konnten wir auf Trachtenbergs System zur Multiplikation dreistelliger Zahlen zurückgreifen.

Da wiederum 72,93 einen Tick näher an 73 liegt als 73,10, ist eine 4 für die nächste Ziffer der Wurzel eine gute Wahl. So erreichen wir die Näherung $\sqrt{73} \approx 8{,}544$, die sich nach Vergleich mit dem exakten Wert 8,54400374... als traumhaft genau herausstellt.

Das war's erst mal wieder.

Aber noch nicht von allem, was über das Wurzelziehen gesagt werden soll.

Was hätte Heron gemacht?

Fürs Wurzelziehen gibt es im täglichen Leben an vielen Stellen Gelegenheit. Angenommen, der Garten hinter einem Haus ist 5000 Quadratmeter groß. Das kann man intuitiv nicht gut einschätzen. Ziehen wir daraus aber die Wurzel, so sind wir bei rund 70 Meter Seitenlänge für ein Quadrat dieses Flächeninhalts. Das Gartengrundstück hätte also etwa die Maße $70\,m \cdot 70\,m$, wenn es tatsächlich quadratisch wäre. Aber vielleicht ist es gar nicht quadratisch, das kann ja sein. Die quadratische Fläche ist aber eine ganz gute Veranschaulichung. Mit unserer Intuition von diesem Quadrat können wir anschließend zu ähnlich dimensionierten Rechtecken desselben Flächeninhalts übergehen. Und uns so auch unter diesen etwas vorstellen.

Ein anderes Setting. Nehmen wir die bekannten Papierformate DIN. Sie bilden eine ganze Serie von aufeinander abgestimmten Papiergrößen. Das gebräuchlichste ist DIN A4. Jeder kennt es. Ein DIN-A4-Blatt ist ein handliches Rechteck. Falten wir es entlang der kürzeren Mittellinie, ergibt sich ein doppellagiges DIN-A5-Papier. Auch das DIN-A5-Papier ist ein Rechteck. Aber nicht nur das: Es hat dieselben Seitenverhältnisse wie das größere DIN-A4-Blatt. Das lässt sich leicht durch Anlegen an eine gemeinsame Diagonale prüfen.

Was sagt uns das?

Nun, wenn wir als Längeneinheit die kurze Seite des DIN-A4-Rechtecks wählen und x schreiben für die Länge der anderen Seite, dann ist die längere Seite des DIN-A5-Rechtecks ebenfalls eine Einheit lang und dessen kürzere Seite hat die Länge $x/2$.

Die Gleichheit der Seitenverhältnisse führt uns sofort auf die Beziehung

$$\frac{x}{1} = \frac{1}{x/2},$$

aus der man durch Multiplikation mit x erhält, dass

$$x^2 = 2$$

sein muss und somit $x = \sqrt{2}$ ist. Und schon haben wir wieder eine Wurzel.

Um Weiteres über die Reihe der DIN-Formate zu erfahren, falte man ein DIN-A4-Blatt so, dass ein Quadrat entsteht. Das klappt, wenn man eine Ecke der kurzen Seite auf einen Punkt der gegenüberliegenden langen Seite faltet. Macht man dies rückgängig und faltet stattdessen die lange Seite des Blattes auf die Diagonale des zuvor erhaltenen Quadrats, so wird deutlich: Die Diagonale im gefalteten Quadrat hat dieselbe Länge wie die lange Seite des DIN-A4-Rechtecks. Und schon sind wir bei einem schönen Satz, der jedes mathematische Poesiealbum bereichert:

Die DIN-Formate sind Rechtecke aus Quadratseiten und deren Diagonalen.

Die schöne Geschichte geht noch weiter: Die Beziehung zwischen Rechtecken und Diagonalen von Quadraten wird auch bei einem Verfahren des Wurzelziehens verwendet. Es ist nach dem altägyptischen Mathematiker Heron benannt. Er lebte in der Mittelmeerstadt Alexandria um 50 nach Christus.

Graphisch beschrieben, etwa für die Wurzel $\sqrt{3}$, hat Heron versucht, ein Quadrat zu konstruieren mit dem Flächeninhalt von 3 Flächeneinheiten.

Ein solches Quadrat aber lässt sich aus dem Nichts nicht leicht konstruieren. Gemäß dem Prinzip der Bescheidenheit gab sich Heron deshalb erst einmal zufrieden mit einer Fläche, die so ähnlich dimensioniert ist, nämlich mit einem Rechteck desselben Flächeninhalts von 3 Einheiten. Dieses Rechteck bearbeitete er anschließend durch eine Serie von Einzeloperationen, die es dem gesuchten Quadrat immer ähnlicher machten.

Für die Wahl des Anfangsrechtecks besteht viel Freiheit. Man muss sich dafür keine große Mühe geben. Das einfachste Rechteck mit Flächeninhalt von drei Einheiten hat die Seitenlängen 3 und 1. So fing Heron an.

Das ist kein gutes Quadrat, um das Mindeste zu sagen. Machen wir ein besseres. Also eine Fläche, die einer quadratischen Form ähnlicher ist. Das Rezept dafür basiert auf simpler Mittelwertbildung: Als Länge einer Seite der neuen Fläche nehmen wir das Mittel

$$\frac{3+1}{2} = 2$$

und als Länge der anderen Seite – um auf einen Flächeninhalt von 3 zu kommen – natürlich die Länge

$$\frac{3}{2} = 1,5.$$

Das ist auf jeden Fall schon mal quadratischer als das erste Rechteck. Wenn es zum Adjektiv «quadratisch» überhaupt eine Steigerung gibt. Vielleicht sagen wir lieber «quadratähnlicher», das trifft es besser.

Mit dem Erreichten kann man sich noch nicht so richtig wohlfühlen. Nichts hindert uns aber daran, selbiges für alle Wohlfühlen-Woller nochmals durchzuziehen: Abermalige Mittelwertbildung der aktuellen Seitenlängen liefert als Länge einer Seite

$$\frac{2+1,5}{2} = 1,75.$$

Die Länge der anderen Seite muss zwingend

$$\frac{3}{1,75} = 1,714285...$$

sein.

Der Längenunterschied der Seiten ist nun nicht mehr sehr groß und so könnte man es hierbei bewenden lassen. Denn die gesuchte Wurzel $\sqrt{3} = 1{,}73205\ldots$ ist von oben und unten recht genau eingeschlossen. Zu einer noch besseren Annäherung kommt, wer noch einmal weitermittelt:

$$\frac{1{,}75 + 1{,}714285\ldots}{2} = 1{,}73214\ldots$$

Nicht schlecht. Nein, ganz und gar nicht schlecht, sondern eigentlich schon super eindrucksvoll. Drei Stellen nach dem Komma exakt getroffen. Mir reicht das jedenfalls im Moment, an einem aprilernen Maitag um Mitternacht in Mannheim.

Und was jetzt?

Na, was schon! Zu guter Letzt zur mitternächtigen Stund noch ein dekonstruierender Drink.

Ein Einschlaf-Drink

Der Kakao-Cashew-Cocktail

Dieser Drink ist schlaffördernd, weil er aufgrund des Kakaos blutdrucksenkend und durch die Cashewmilch tryptophanhaltig ist. Die Aminosäure L-Tryptophan ist der Hauptbestandteil, der zur Herstellung des Glückshormons Serotonin benötigt wird. Dieses wunderbare Molekül verhindert Dauertrauer, entspannt, macht uns ausgeglichen und, ja, sogar happy. Es ist wunderbar geeignet, um den Tag upbeat ausklingen zu lassen.

Hier ist die einfache Schlummerrezeptur:

Ein Glas warme Cashewmilch, zwei Esslöffel Kakao hinein, gut umrühren. Langsam genießen. Bald ins Bett gehen. Gute Nacht!

Mit dem Gegenteil von Dekonstruktion geht es dann morgen früh weiter.

Anti-Dekonstruktiv

Nun gibt's was zu konstruieren. Mit einer geometrischen Konstruktion wollen wir die Wurzel aus x in Angriff nehmen.

Erster Programmpunkt ist es, eine Linie der Länge $x + 1$ zu zeichnen. Von dieser messen wir ein Endstück der Länge 1 ab und markieren den Punkt mit A. Das andere Ende hat die Länge x. Von der Strecke der Gesamtlänge $x + 1$ bilden wir den Mittelpunkt. Dann nehmen wir einen Zirkel zur Hand und zeichnen um diesen Mittelpunkt einen Halbkreis über der Strecke mit Länge $x + 1$. Dieser ist nach einem der ersten großen Mathematiker der Weltgeschichte benannt. Es ist Thales von Milet und sein Thaleskreis. Bei der zuvor angebrachten Markierung A errichten wir die Senkrechte, die den Thaleskreis schneidet. Auch dieser Schnittpunkt soll nicht namenlos bleiben: Wir taufen ihn auf den Namen B. Die Strecke von A bis B hat die von uns gesuchte Länge $\sqrt{x}$.

Aber warum eigentlich?

Wir verbinden B mit den Endpunkten der Strecke mit Länge $x + 1$. In der ausgeführten Konstruktion sind das große Dreieck und die beiden kleineren Dreiecke einander ähnlich. Im Klartext ausgedrückt bedeutet Ähnlichkeit, dass die Streckenverhältnisse von entsprechenden Seiten bei allen drei Dreiecken gleich sind. Also sind in den beiden kleineren Dreiecken auch die Streckenverhältnisse ihrer kürzesten Seiten gleich. In Formel-Form formuliert sieht das so aus:

$$\frac{x}{b} = \frac{b}{1},$$

wobei b die Länge der Strecke von A bis B ist. Mit der Gleichung kommt man sofort zu $x = b^2$ und dann zu $\sqrt{x} = b$.

Das kann man natürlich alles wunderbar vor dem geistigen Auge ablaufen lassen. Und insofern ist eine ausgeführte geometrische Konstruktion auch ein Akt des Kopfrechnens.

Na klar!

Denn Kopfrechnen muss nicht immer Arithmetik und das Ergebnis nicht immer eine Zahl sein. Es kann sich auch um Gehirn-geometrie handeln. So wie eben geschehen. An die Wurzel aus x wurde mental nicht ein im Kopf ermittelter Zahlenwert geheftet, sondern vielmehr die Länge einer Strecke, die in bestimmter Weise konstruiert wurde. Geometrie fürs Großhirn. Und genauso machen wir im nächsten Abschnitt weiter. Speziell für alle, die es so lieber mögen.

Die alten Griechen besaßen eine besondere Vorliebe dafür, mathematische Objekte geometrisch zu konstruieren. Vorliebe ist eigentlich fast zu wenig gesagt. Besser wäre das stürmischere Wort «Leidenschaft». Es wundert deshalb nicht, dass sie sich auch für die rechnerisch schwierige Operation des Wurzelziehens ein geometrisches Tool geschaffen haben.

Erste Helden des maschinellen Wurzelziehens

Als Computer entwickelt wurden, musste natürlich auch eine Methode gefunden werden, wie mit ihnen Wurzeln gezogen werden konnten. Der ENIAC, einer der ersten Computer überhaupt, löste dies auf eine sehr einfache Weise. Nämlich unter Ausnutzung der Tatsache, dass die Summe der ersten n ungeraden Zahlen gleich einer Quadratzahl ist, nämlich gleich n^2.

Wer erleben will, wie das geht, kann dies am Beispiel der Zahl 17 tun.

Das Erlebnis, aus der 17 die Wurzel zu ziehen, beginnt mit der Überlegung, dass $17-(1+3+5+7+9)<0$ ist. Und festgehalten werden sollte auch, dass 9 die kleinste ungerade Zahl ist, so dass die Differenz auf der linken Seite ins Negative rutscht. Dieser letzte Satz geht fugenlos über in die doppelte Ungleichung:

$$\left(\frac{9-1}{2}\right)^2 < 17 < \left(\frac{9+1}{2}\right)^2$$

Und so endet unsere durch den Vorspann angefachte Erlebniserwartung eher abrupt in den Banal-Aussagen

$$4<\sqrt{17}<5.$$

Was hat das gebracht?

Ohne die ENIAC-Eskapade wären wir schneller zu diesem Punkt ge-kommen. Ohne ENIAC wäre man schneller schlauer.

Das Schöne an der ENIAC-Methode besteht aber darin, dass man durch einen kleinen meisterlichen Kunstgriff ihre Präzision der Annäherung verbessern kann. Das geht durch Vorab-Multiplikation der zu bewurzelnden Zahl mit einer Potenz von 100 und späterer Di-vision durch dieselbe Potenz von 10.

Das führen wir vor, indem wir eine Annäherung suchen für

$$\sqrt{1700}.$$

Es ist

$$1700 - (1 + 3 + 5 + \ldots + 81 + 83) < 0,$$

wobei 83 wieder die kleinste ungerade Zahl ist, welche die linke Seite negativ macht. Wie oben ist nun zweitens

$$41^2 < 1700 < 42^2$$

und drittens

$$41 < \sqrt{1700} < 42,$$

was nach allseitiger Division durch 10 nunmehr einen Fortschritt darstellt. Nämlich in Gestalt der Ungleichungen

$$4{,}1 < \sqrt{17} < 4{,}2.$$

Damit dürfte das Grundprinzip klar sein, mit dem ENIAC seine Prä-zision steigern konnte. Es lässt sich fast beliebig ausreizen. Würde man anfangs mit 100^2 multiplizieren und am Ende entsprechend durch 10^2 dividieren, käme man sogar zu

$$4{,}12 < \sqrt{17} < 4{,}13.$$

Der genaue Wert der Wurzel ist übrigens $\sqrt{17} = 4{,}1231\ldots$.

Etwas für Fortgeschrittene

Immer noch geht es ums Wurzelziehen, aber mit vollerem An-spruch und reicherem Erleben. Anspruchsvoller und erlebnisrei-cher eben.

Mathematisch präzise ausgedrückt ist die Wurzel einer positiven

Zahl *a* diejenige positive Zahl *x*, die mit sich selbst multipliziert *a* ergibt. Das mag für Mathe-Allergiker ein bisschen verwirrend sein. Doch hadert nicht. Selbst Grundschulkindern kann das Prinzip des Wurzelziehens verständlich gemacht werden.

Um Grundschülern die Wurzel aus 4 näherzubringen, gibt man ihnen vier Mühlesteine und stellt die Aufgabe, diese zu einem Quadrat auszulegen. Ziemlich schnell kommen die Schüler auf den Trichter und legen die Steine so:

$$O \; O$$
$$O \; O$$

Haben sie das hinbekommen, muss man ihnen nur noch erklären, dass die Wurzel aus 4 die Zahl der Steine an jeder Seite des Quadrats ist. Also 2.

Ähnlich kommen die Schüler mit neun einzelnen Steinen schnell zum ausgelegten Quadrat:

$$O \; O \; O$$
$$O \; O \; O$$
$$O \; O \; O$$

dem sie entnehmen können, dass die Wurzel aus 9 gleich 3 ist.

Die Wurzel aus 2 kann man nicht auf diese Weise behandeln. Aber auch daraus können die Schüler einen Schluss ziehen. Nämlich dass die Wurzel aus 2 keine ganze Zahl sein kann.

Der Menschheit ist das natürlich schon lange bekannt. Und schon lange weiß die Menschheit darüber noch weit mehr als das. Die alten Griechen wussten bereits, dass die Wurzel aus 2 exakt die Länge der Diagonale eines Quadrats mit Seitenlänge 1 ist.

Insofern war es den alten Griechen gelungen, eine Strecke an das Konzept der Wurzel zu heften. Also etwas Geometrisches zu etwas Numerischem in direkte Beziehung zu setzen. Überhaupt hatten geometrische Konstruktionen für die Griechen der Antike einen ganz besonderen Reiz. Manche Dinge sind nun einmal viel leichter geometrisch darzustellen als durch Dezimalzahlen oder mit Brüchen.

Als die arabischen Mathematiker dann in Kontakt mit der Mathematik der alten Griechen kamen, hatten sie den Ehrgeiz, all jene Gleichungen mit ihrer Algebra und mit konkreten Zahlen zu lösen, welche die Griechen nur mit ihren geometrischen Konstruktionen gelöst hatten.

Die Griechen hatten oftmals Gleichungen, in denen eine Zahl gesucht wurde, die als Lösung der Gleichung auftrat, durch eine Konstruktion ausgedrückt, in der die gesuchte Zahl schließlich in Form einer Strecke auftauchte. Die Länge der Strecke war dann der Zahlenwert der Lösung. Eine konstruktive Lösung eben.

Die als Lösung fungierende Strecke bildete also die Basis oder das Fundament der Konstruktion. Die Griechen nannten sie *pleura*, was die Vorstellung von Basis oder Fundament sprachlich ausdrückt. Dieses Wort *pleura* wurde von den Arabern mit *jidr* übersetzt, was ebenfalls «Basis» heißt, aber zusätzlich bei Pflanzen die Wurzel bezeichnet.

Später übersetzten die europäischen Mathematiker, die sich mit arabischer Mathematik befassten, das Wort *jidr* mit dem entsprechenden lateinischen Wort für Pflanzenwurzel, nämlich *radix*. Auf diesem Umweg wurde das griechische *pleura* in der Bedeutung von *Lösung einer algebraischen Gleichung durch geometrische Konstruktion* zu unserem Wort *Wurzel* als Lösung einer jeden algebraischen Gleichung.

Nach diesem kleinen Abstecher ins Sprachliche wollen wir uns wieder der mathematischen Betätigung des Wurzelziehens zuwenden. Und zwar jetzt wieder in fortgeschrittener Form für alle Zahlen, bei denen selbst angestrengtestes Bewurzeln nicht zu einem glatten Ergebnis führt. Dann sind die Wurzeln Dezimalzahlen mit unendlich vielen Ziffern. Im Verhältnis zu ihnen empfiehlt sich ein Bescheidenheitsprinzip: Wenn wir diese Wurzeln ausrechnen wollen, kann das nur bedeuten, dass wir mit einer Annäherung zufrieden sein müssen.

Das waren wir auch schon vorher im ersten Anlauf zu diesem Thema. Doch sind wir jetzt viel ambitionierter als zuvor und wollen noch Komplizierteres noch schneller leisten.

Schnelleres Wurzeln

Wie gehen wir dabei vor?

Um von einer Zahl x die Wurzel zunächst einmal ganz bescheiden anzunähern, suchen wir die Wurzel aus der nächstgelegenen Quadratzahl. Wenn wir etwa die Wurzel aus 68 ziehen wollen, dann ist 64 die nächstgelegene Quadratzahl und ihre Wurzel, also 8, ist unsere erste Annäherung an die gesuchte Zahl. Bescheiden!

Zu dieser bescheidenen Anfangsannäherung addieren wir nun zweitens einen Bruch, der im Zähler die Differenz $68 - 64$ hat und dessen Nenner $2 \cdot 8$ ist.

Im Formelsprech gesprochen ist das die Ungefähr-Gleichung

$$\sqrt{x} \approx Q + \frac{x - Q^2}{2Q},$$

wobei Q für eine Zahl steht, deren Quadrat Q^2 möglichst nahe an x liegt. In unserem Beispiel wird demnach die erste Annäherung $Q = 8$ korrigiert um den Bruch $4/16 = 0{,}25$. Also haben wir $\sqrt{68} \approx 8{,}25$. Mein Taschenrechner sagt, dass die Antwort auf drei Dezimalen genau gleich 8,246 ist. Da kann man nur verblüfft sein.

Nehmen wir als zweites Beispiel noch $\sqrt{140}$. Die nächstliegende Quadratzahl ist $12^2 = 144$. Die Annäherung $Q = 12$ korrigieren wir um

$$\frac{140 - 144}{2 \cdot 12} = -\frac{4}{24} \approx -0{,}167$$

auf $12 - 0{,}167 = 11{,}833$. Mein Taschenrechner meint 11,832...

Applaus, wenn möglich.

Bonusmaterial für Meister aller Klassen

Wir haben jetzt schon eine ganze Weile waghalsig herumgewurzelt und eigentlich könnte man es dabei belassen. Andererseits kann ich nicht widerstehen, euch eine kleine Zugabe zu geben. Noch etwas Bonusmaterial, wenn die Wurzel nicht aufgeht. Im Zeitalter von programmierbaren Taschenrechnern und Handys mit Rechnerfunktionen ist das eine im Aussterben begriffene Kunstform. Zugegeben.

Nichtsdestoweniger ist es nützlich, manche Dinge zackoflex im Kopf zu können. Denn nicht immer sind Handys oder Rechenknechte schnell zur Hand. Und außerdem macht es Spaß, ohne Hilfsmittel autark zu sein.

Unser Demonstrationsobjekt soll die Wurzel aus der hartnäckigen Zahl 721,50 sein. Sieht nicht ganz leicht aus, sie zu ziehen. Ist es auch nicht. Aber das hier ist ja auch die Meisterklasse.

Das Infomercial des Lösungsweges skizziert die einzelnen Schritte, die von Anfang bis zum Ziel zu durchlaufen sind. Es sind nicht viele. Es ist eine einfache Abfolge aus wenigen Fertigbausteinen.

Im ersten Schritt werden, vom Dezimalkomma beginnend, nach links – und nach rechts – die Ziffern zu Paaren zusammengefasst. Ganz links bleibt eventuell kein vollständiges Paar stehen, sondern nur eine einzige Ziffer. Ganz rechts kann man an eine ungepaarte Ziffer eine 0 anfügen, um mit einem vollständigen Paar zu enden. Diese Einteilung in Gruppen kann durch kleine hochgestellte Striche gekennzeichnet werden: 7'21,50.

Im zweiten Schritt widmen wir uns der Gruppe ganz links. Aktuell ist es die alleinstehende 7. Gesucht wird die größte Quadratzahl, die nicht größer als diese Zahl ist. Das ist die 4 mit ihrer Wurzel 2. Die so errechnete 2 bildet die erste Ziffer von links unseres Rechenergebnisses.

Als Nächstes subtrahiert man die Quadratzahl 4 von der 7, was 3 ergibt.

Hier angekommen, sieht der bisherige Verlauf fein säuberlich arrangiert so aus:

$$\sqrt{7'21{,}50} = 2$$
$$\underline{4}$$
$$3$$

Nun kommen wir zu einer Schrittfolge in Form einer Schleife, die bei Bedarf mehrfach durchlaufen wird:

I. An das Ergebnis der letzten Subtraktion (hier also an die 3) wird das nächste Zahlenpaar hinten angefügt. Hier ist es das Paar **21**, was zur Zahl 321 führt.

II. Die Zahl rechts vom Gleichheitszeichen der bisherigen Rechnung (also die 2) wird verdoppelt (zu einer 4), und rechts von dieser Zahl 4 denkt man sich eine Ziffer angehängt. Diese noch unbekannte Ziffer bezeichnen wir mit einem Fragezeichen «?».

III. Diese Ziffer ? muss so gewählt werden, dass die zweistellige Zahl 4? multipliziert mit der Ziffer ? von unten möglichst nah an die obige Zahl 321 herankommt. Wegen $46 \cdot 6 = 276$ und $47 \cdot 7 = 329$ ist das die Ziffer 6. Nun wird das Fragezeichen durch die gefundene Ziffer 6 ersetzt, die Multiplikation 4? · ? wird ausgeführt, also $46 \cdot 6 = 276$, die gefundene Ziffer 6 an das bisherige Teilergebnis 2 angehängt und die 276 von der 321 subtrahiert. Totalemente bringen uns diese ganzen Maßnahmen zur Zahl 45.

Alles in allem haben wir es dann schon so weit gebracht:

$$\sqrt{7'21{,}50} = 26$$
$$\underline{4}$$
$$321$$
$$\underline{276}$$
$$45$$

Hier nun wird ein Komma nach der 26 gesetzt, denn alle Zahlenpaare unter der Wurzel links vom Komma sind abgearbeitet.

Und was jetzt?

Einige von euch werden es geahnt haben: Jetzt werden die Schritte I. bis III. der Schleife erneut durchlaufen.

$$\sqrt{7'21{,}50} = 26{,}8$$

$$\underline{4}$$

$$\underline{321}$$
$$\underline{276}$$
$$\underline{4550}$$
$$\underline{4224}$$

Dieser zweite Schleifendurchlauf bringt uns mit einer gesicherten Nachkommastelle zu dem Ergebnis $\sqrt{721{,}50} \approx 26{,}8$.

Und hier machen wir einen Cut. Aber noch nicht wegen Feierabend.

Wurzelzeichen-Zeichensetzung

In diesem Zwischenspiel gibt es eine Anmerkung zum Wurzelzeichen selbst. Der gute alte Leonardo di Pisa mit dem Spitznamen Fibonacci schrieb das Zeichen fürs Ziehen der Wurzel noch mit einem einfachen r, als Abkürzung des lateinischen *radix*, also etwa r721,5.

René – «Ich denke, also bin ich» – Descartes führte im 17. Jahrhundert am Buchstaben r noch einen zusätzlichen Querstrich ein als Verlängerung, die über den Radikand ging. Das ist die Zahl, deren Wurzel gezogen werden soll. Der Grund für den Strich bestand darin, Eindeutigkeit herbeizuführen. Denn er ermöglicht es, $\sqrt{3} \cdot 5$ von $\sqrt{3 \cdot 5}$ visuell zu unterscheiden.

Querstrich ‾ und Buchstabe r stilisierten sich mit der Zeit langsam zu dem heute gebräuchlichen Wurzelzeichen $\sqrt{}$.

Zu Ehren von Indien

Als zweites Beispiel ziehen wir jetzt die Wurzel aus der Zahl 91. Das ist die internationale Ländervorwahl von Indien. Eine kleine Wertschätzung für alle indischen Beiträge zur Mathematik soll das werden.

Eine gesicherte Nachkommastelle mag uns wieder genügen. Es gibt keinen Grund, warum die Rechnung jetzt strapaziöser sein sollte als im ersten Beispiel. Und das ist sie auch nicht. Wieder kann sie schnell im Kopf erledigt werden. Das funktioniert mit den schon bekannten Handgriffen, die hier in Prosaform aufgeschrieben sind:

Die größte Quadratzahl unterhalb von 91 ist $81 = 9^2$. Demnach muss die erste Ziffer unseres Ergebnisses eine 9 sein. Subtrahiert man die 81 von der 91, ergibt das 10. An diese Zahl sind die beiden Ziffern des nächsten Zweierblocks unseres zu bewurzelnden Radikanden anzufügen.

Hm, da stehen aber gar keine Ziffern mehr. Was tun?

Ganz einfach: Man stelle sich die Zahl 91 vor als 91,00. Damit haben wir den benötigten Zweierblock künstlich erzeugt. Das an die Zahl 10 anzuheftende Paar besteht also aus den Ziffern 00 und bringt uns zu 1000. Da das angehängte Paar der erste Block nach dem Komma im Radikanden ist, muss nach unserer ersten Lösungsziffer 9 zuallererst ein Komma gesetzt werden.

Um dann die erste Nachkommastelle zu finden, wird mit der Zahl 1000 gearbeitet. Und zwar hantieren wir mit ihr nach dem Muster des ersten Beispiels. Gesucht wird eine Ziffer, nennen wir sie ruhig wieder ?, die an die verdoppelte bisherige Lösung angehängt wird (also an die $2 \cdot 9 = 18$). Mit dieser Ziffer ? soll das Produkt 18? $\cdot$? so nah wie möglich von unten an die Zahl 1000 herankommen. Die Ziffer des Fragezeichens ist die erste Nachkommastelle der Lösung. Wegen $184 \cdot 4 = 736$ und $185 \cdot 5 = 925$ und $186 \cdot 6 = 1116$ kann die gesuchte Ziffer nur eine 5 sein. Einverstanden?

Mit der 5 landen wir bei 9,5 als Anfangsabschnitt der Lösung.

Eine Probe zeigt: $9,5^2 = 90,25$ und $9,6^2 = 92,16$. Beides können wir natürlich mit früheren Methoden auch wieder im Kopf ausleben.

Gut gemacht.

Die kleine große Wurzelzieherin

Im Jahr 2010 gewann die erst 11-jährige Priyanshi Somani aus Indien die Weltmeisterschaft im Kopfrechnen. Eine ihrer Aufgaben bestand darin, aus zehn sechsstelligen Zahlen die Quadratwurzeln auf acht Dezimalen genau zu ziehen. Für alle Wurzeln zusammen brauchte sie nicht mehr als 411 Sekunden. Ein kleines Mädchen als wahre Großmeisterin des Wurzelziehens.

Im Kopf muss man natürlich nicht alle Details des Lösungsweges mittransportieren. Es reicht vollkommen, das folgende Schema schrittweise zu durchlaufen und nur das Nötigste im Hirnspeicher zu behalten. Mein Arbeitshirn schaltet auf Autopilot:

a. $\sqrt{91{,}00} = 9$

b. $\sqrt{91{,}00} = 9$
   81 $| \; 9 \cdot 9 = 81$

c. $\sqrt{91{,}00} = 9$
   $\dfrac{81}{10}$ $| \; 91 - 81$

d. $\sqrt{91{,}00} = 9{,}$
   1000

e. $\sqrt{91{,}00} = 9{,}$
   1000 $| \; 2 \cdot 9 = 18$

f. $\sqrt{91{,}00} = 9{,}$
   1000
   925 $| \; 185 \cdot 5 = 925$

g. $\sqrt{91} \approx 9{,}5$

Und das soll's an Beispielen gewesen sein. Sowie auch mit diesem Abschnitt.

Wurzeln, was gewurzelt werden kann

Es gibt noch viele andere Wurzeln zu entwurzeln. Und Menschen, die das brillant können, gibt es auch. Es gibt zum Beispiel Menschen, die können die dreizehnte Wurzel aus einer 100-stelligen Zahl in weniger als 13 Sekunden ziehen. Damit nehmen sie an einer riesigen Zahl eine äußerst komplizierte Operation schneller vor, als andere die Ziffern überhaupt aussprechen können. Möglich ist's dank eines ganzen Bündels von Rechentricks.

So oder so ähnlich hatte ich das in meinem ZEIT-Online-Blog irgendwann 2015 geschrieben. Und das war der Stand der Kunst zum damaligen Zeitpunkt, irgendwann in 2015. Doch mittlerweile hat sich auch beim Wurzelziehen die Front rapide ins kaum Vorstellbare verschoben. Es wurde noch krasser, noch abgebrainter.

Der Groß-Guru der großen Wurzeln

Doch seht selbst: Der deutsche Kopfrechenkünstler, Hobbymathematiker sowie doppelpromovierte Psychologe und Pädagoge Dr. Dr. Gerd Mittring berechnete im Mai 2016 in Zürich die 89 247. Wurzel einer millionenstelligen Zahl in nur wenigen Minuten. Im Kopf. Ohne Hilfsmittel. Das ist Weltrekord und so gut wie sicher die größte Leistung, die im hilfsmittellosen, kopfgesteuerten Riesenwurzelziehen je erbracht worden ist. Mittrings richtige Antwort kam nach 6 Minuten und 4,1 Sekunden und lautete 160 269 883 449. Die Ausgangszahl füllte 156 klein bedruckte Seiten eines Buches.

So weit wollen wir es natürlich nicht treiben, sondern wollen auf denk- und mitdenkfreundlichem Terrain verbleiben. Das machen wir mit vedischer Mathematik.

Unter vedischer Mathematik versteht man ein System von Kopfrechenregeln aus Indien, das der schon erwähnte Bharati Krishna Tirthaji, ein früherer Abt des Klosters Govardhana Math in Puri, eigener Aussage zufolge aus den Veden herausgearbeitet hat.

Die Veden sind die heiligen Schriften des Hinduismus. Sie werden in der Regel auf etwa 1200 vor Christus datiert. Tirthaji behauptete, dass schon aus dem Rig Veda, der ältesten der heiligen Veden, mathematische Rechentricks abgeleitet werden können. Dann wäre die vedische Mathematik eine der ältesten Rechenkünste überhaupt.

Die vedische Mathematik hatten wir im Kapitel über Kehrwerte schon einmal angewendet. Sie beruht auf 16 einfachen Grundregeln des Rechnens, die «Sutren» genannt werden. Diese bilden gewissermaßen das Kamasutra der Mathematik.

Die vedischen Regeln sind unkonventionell, erlauben aber für bestimmte Rechenoperationen eine hohe Rechengeschwindigkeit, die weitaus größer ist als jene, die man gemeinhin mit den schulischen Regeln erreicht. Die Sutren umfassen Regeln, mit denen sich auch manche komplizierten Aufgabenstellungen schnell lösen lassen. Sie werden heutzutage an einigen Universitäten Indiens und der USA in wissenschaftlichen Seminaren unterrichtet.

Diese Regeln setzen wir jetzt ein, um von einer Zahl zwischen 1000 und 1 000 000 ziemlich schnell die Kubikwurzel zu ziehen, wenn wir wissen, dass diese ganzzahlig aufgeht. Die Vorbereitungen dafür halten sich in Grenzen. Die dritten Potenzen der Zahlen von 1 bis 9 können leicht gelernt werden. Sie lauten:

1 hoch 3 = 1
2 hoch 3 = 8
3 hoch 3 = 27
4 hoch 3 = 64
5 hoch 3 = 125
6 hoch 3 = 216
7 hoch 3 = 343
8 hoch 3 = 512
9 hoch 3 = 729

Schaut man sich diese Liste an, wird sofort deutlich, dass die Endziffern dieser neun Potenzen allesamt verschieden sind. Wir können also schon allein an der Endziffer der Kubikzahl z hoch 3 die Basis z erkennen. Ordnet man der Zahl z die Endziffer ihrer Kubikzahl zu, so ergeben sich für einstellige z die Zahlenpaare

(1,1), (2,8), (3,7), (4,4), (5,5), (6,6), (7,3), (8,2), (9,9).

Es ist ein Kinderspiel, sich diese Paare zu merken. Eventuell hilft noch eine Eselsbrücke:

Bei den beiden extremen Werten 1 und 9 ist die zweite Ziffer des Paares identisch zur ersten, ebenso bei den mittleren Ziffern 4, 5, 6. Bei den übrigen findet eine Ergänzung zu 10 statt.

Die Auflistung der Zahlenpaare bringt uns einen beachtlichen Schritt weiter. Es ist lediglich eine kleine Liste, aber ein großer Schritt für alle Kubikwurzel-im-Kopf-Zieher. Denn einmal angenommen, jemand legt uns eine Zahl zwischen 1000 und 1 000 000 vor, die Kubikzahl einer zweistelligen Zahl ist. Dann müssen wir uns auf die Suche nach zwei Ziffern begeben. Die Ziffer für die Einerstelle finden wir durch Vergleich mit der Liste von Paaren. Zum Beispiel führt eine Endziffer 3 bei der Kubikzahl auf eine Einerstelle 7 bei der Basis und damit bei der gesuchten Lösung.

Ist die Einerstelle gefunden, streicht man von der Kubikzahl die letzten drei Ziffern weg und schaut, welche der obigen Kubikzahlen z hoch 3 gerade noch kleiner ist als die nach der Streichung verbleibende Zahl. Mit diesem z hat man dann die Zehnerziffer der gesuchten Kubikwurzel auch noch gefunden.

Alles hat seine Zeit. Und nach dieser trockenen Beschreibung ist es höchste Zeit für eine saftige Übung.

Wir testen das Gelernte exemplarisch an der Zahl 117 649.

Die Endziffer von **117 649** ist 9. Dies führt mit unserer Paar-Liste auf eine Einerziffer von **9** auch bei der Kubikwurzel. Nach dem Streichen der drei Endziffern verbleibt nur 117. Gerade noch kleiner als 117 ist die Kubikzahl $4^3 = 64$, da 5^3 mit 125 bereits über die 117 hinausgeht. Die Zehnerziffer ist also eine **4** und das Ergebnis lautet **49**. In der Tat ist $49 \cdot 49 = 2401$ und $2401 \cdot 49 = 117\,649$. Richtig gemacht.

Hier sind drei weitere Beispiele zum selber Experimentieren:

166 375

571 787

1728

Die letzte Zahl auf dieser Liste ist nur um 1 kleiner als die berühmte Zahl 1729. Sie hat einen besonderen Platz in der Mathematik-Geschichte. Als «Hardy-Ramanujan-Zahl» ging 1729 in die Folklore ein. Benannt ist sie nach den beiden berühmten Mathematikern G. H. Hardy und S. Ramanujan. Srinivasa Ramanujan war einer der Giganten der Wissenschaften des 20. Jahrhunderts. Gleichzeitig charis-matisch und charis-mathematisch.

Einmal lag er im Krankenhaus und sein Freund Hardy besuchte ihn. Für den Weg nahm der ein Taxi. Das Taxi hatte die Nummer 1729. Offensichtlich hatte Hardy während der Fahrt über die Bedeutung dieser Zahl nachgedacht. Denn bei Ramanujan angekommen, eröffnete er ihre Unterhaltung mit der Bemerkung, dass die Nummer seines Taxis, diese 1729, eine sehr langweilige Zahl ohne besondere Eigenschaften sei. Und er hoffe, dass dies kein schlechtes Omen für ihr Treffen sein werde.

Darauf erwiderte Ramanujan: «Nein, Hardy. Diese Zahl ist alles andere als langweilig. Es ist die kleinste Zahl, die auf zwei verschiedene Arten als Summe von ganzzahligen dritten Potenzen darstellbar ist.»

Habt ihr Lust, selbst zu erkunden, welches diese beiden Möglichkeiten sind?

Wer das vorhat, sollte jetzt nicht weiterlesen, denn die Lösung lautet:

$$1729 = 1^3 + 12^3 = 9^3 + 10^3$$

Und wenn man das weiß, erkennt man auch, warum Ramanujan diese Zahl als sehr interessant einstuft. Denn offensichtlich bedeutet die Beziehung

$$9^3 + 10^3 = 12^3 + 1,$$

dass es für die extrem berühmte Gleichung

$$x^n + y^n = z^n$$

einen sehr knappen ganzzahligen Fall gibt, nämlich für $n = 3$ mit $x = 9, y = 10$ und $z = 12$, bei dem die linke Seite fast gleich der rechten Seite ist.

Das ist insofern spektakulär, als der französische Mathematiker Pierre de Fermat vor ein paar hundert Jahren behauptet hatte, dass die letzte Gleichung für $n > 2$ überhaupt keine einzige ganzzahlige

Lösungen habe. Eine Behauptung, die schließlich vom britischen Mathematiker Andrew Wiles bewiesen werden konnte. Die Arbeit, die er in den Beweis stecken musste, war gigantisch.

Die Hardy-Ramanujan-Zahl 1729 und ihre Eigenschaften haben uns jetzt belehrt, dass die geringfügig abgeänderte Gleichung

$$x^n + y^n = z^n + 1$$

im Gegensatz zu ihrer berühmteren Schwester doch ganzzahlig lösbar ist, und zwar schon für $n = 3$. Die Lösungen sind sogar recht überschaubare Zahlen. Übrigens stimmt das auch für die andere Schwester

$$x^n + y^n = z^n - 1$$

angesichts der hübschen Beziehung

$$6^3 + 8^3 = 9^3 - 1.$$

Insofern scheint es geradezu ein unglaublicher Zufall, dass Fermats Behauptung nicht schon für den Fall $n = 3$ widerlegbar ist. Und nicht nur dort nicht, sondern überhaupt nicht.

Taschenrechner-Apokalypse

Mein Rechner hat mir ausgerechnet, dass

$$3987^{12} + 4365^{12} = 4472^{12}.$$

Kann das sein? Ja! Prüft es mit eurem Taschenrechner. Wäre das aber richtig, wäre Fermat widerlegt. In der Tat ist die linke Seite nicht exakt gleich der rechten, aber ganz extrem nahezu. So nahezu, dass ein Taschenrechner die Abweichung nicht feststellen kann. Die linke Seite ist nämlich nur um 0,000000002 Prozent größer als die rechte.

Ihr verfügt nun über das Rüstzeug, um die folgenden beiden Gleichungen einmal aus kubischer Perspektive zu betrachten. Damit meine ich, zu checken, dass alle darin vorkommenden Summanden Kuben sind.

$$4096 + 8 = 3375 + 729$$

Wenn wir die Hardy-Ramanujan-Zahl 1729 als erste Taxizahl bezeichnen, dann ist die obige Summe $4104 = 4096 + 8$ die zweite Taxizahl. Denn sie ist die nächstgrößere Zahl, die man auf zwei verschiedene Arten als Summe von Kuben schreiben kann. In diesem Sinne ist dann 13 832 die dritte Taxizahl. Sie lässt sich schreiben als

$$13\,824 + 8 = 5832 + 8000.$$

Die vierte Taxizahl ist 20 683. Könnt ihr mindestens eine ihrer Zerlegungen in Kuben ausfindig machen?

Derart mathematikberauscht wagen wir uns mit dem gewonnenen Selbstvertrauen nun an Radikanden heran, die keine exakten Kuben sind. Das Kubikwurzelziehen geht dann nicht mehr glatt auf und wir können unsere bisherige Methode schlicht vergessen. Mit ihr lässt sich auf diesem Terrain kein Blumentopf mehr gewinnen.

Hoffnungslos stehen wir aber nicht da. Immerhin verfügen wir über gute Erfahrungen aus früheren Zeiten, als wir uns aufmachten, die Quadratwurzel aus einer Nicht-Quadratzahl zu ziehen. Dafür wurde ein nützliches Verfahren mit viel Potential entwickelt. Das lässt sich für unsere jetzigen Zwecke umfunktionieren.

Beginnen wir damit, dass wir vom Dezimalkomma ausgehend nach links - und sofern Stellen nach dem Komma vorhanden, dann auch nach rechts - die Ziffern zu Dreiergruppen zusammenfassen. Ganz links bleibt eventuell kein ganzes Zahlentripel stehen, sondern vielleicht nur eine Ziffer oder zwei. Macht aber nichts.

Ganz rechts kann man nötigenfalls Nullen anhängen, um auf ein vollständiges Tripel zu kommen. Die Einteilung in Tripel markieren wir wieder durch hochgestellte Striche:

Jetzt erinnert ihr euch, nicht wahr?

Im zweiten Schritt widmet man sich der Zahlengruppe ganz links. Hier besteht sie allein aus der Ziffer 9. Man suche die größte Kubikzahl, die nicht größer als diese Zahl ist. Das ist hier natürlich die 8 mit ihrer Kubikwurzel 2. Diese Ziffer 2 ist die Stelle ganz links von unserem Rechenergebnis. Mit ihr wird aber auch weitergerechnet. Was machen wir mit ihr?

Nun, wir platzieren sie nach einem Gleichheitszeichen rechts von der Wurzel und ihre Kubikzahl 8 kommt unter die linke Dreiergruppe, hier also unter die 9. Die Kubikzahl wird von der 9 subtrahiert, was uns eine 1 liefert, die auch notiert wird. Gesagt, getan, und schon sind wir bei:

$$\sqrt[3]{9'367,630} = 2$$
$$\underline{8}$$
$$1$$

Ganz wie beim Umgang mit Quadratwurzeln folgt nun, drittens, eine Schrittfolge, die als Schleife eventuell mehrfach durchlaufen wird. Dieses Looping ist aber etwas komplizierter als bei Quadratwurzeln:

I. An das Ergebnis der letzten Subtraktion (also an die 1) wird das nächste Zahlentripel angehängt, hier ist es 367, was zur Zahl 1367 führt. Und auch die wird notiert und benannt.

II. Nennen wir diese neue Zahl $Z = 1367$. Und den gesamten bisherigen Lösungsabschnitt rechts vom Gleichheitszeichen nennen wir $L = 2$. Mit diesen Bezeichnungen ist es nun nötig, eine größtmögliche ganze Zahl N zu finden, so dass $(300L^2 + 30LN + N^2)N \leq Z$ ist. Eine Kandidatin für N findet man, indem man den ganzzahligen Anteil von $Z/300L^2$ bildet. Es ist dann aber noch zu prüfen, ob das wirklich die größte ganze Zahl ist, welche die Ungleichung erfüllt, oder ob man die Kandidatin etwas nach unten oder oben korrigieren muss.

Tun wir das. Bilden wir und prüfen wir. Und dann geht's weiter. Denken wir uns auf diese Weise die Ziffer N gefunden. (Im Beispiel ist es die Ziffer $N = 1$, weil wir für die linke Seite der obigen Ungleichung mit diesem N den Wert 1261 bekommen, aber für das nächstgrößere N schon den zu großen Wert $2648 > 1367$.) Nun hängen wir die gefundene Ziffer N an die bisherige Zahl L an, was uns zu einer neuen Zahl $L = 21$ führt. Anschließend schreiben wir für das gefundene N den Wert von $(300L^2 + 30LN + N^2)N$, also hier 1261, unter die bisherige Zahl $Z = 1367$, subtrahieren sie von diesem Z, erhalten aktuell den Wert 106 und fügen daran das nächste Zahlentripel 630, was ein neues $Z = 106\,630$ ergibt. Puh!

Mit alledem sind wir angekommen bei:

$$
\begin{array}{l}
\sqrt[3]{9'367{,}630} = 21 \\
\underline{8} \\
1367 \\
\underline{1261} \\
106630
\end{array}
$$

Wird noch mehr Genauigkeit gewünscht, muss als Nächstes ein Komma nach der 21 gesetzt werden, denn alle Zahlentripel unter der Wurzel links vom Komma sind abgearbeitet.

Anschließend wiederholt sich der Vorgang von Punkt II. mit dem aktuellen Wert für Z, der jetzt 106 630 beträgt. Und der neue Wert für L steht derzeit bei 21.

Um einen Kandidatenwert für das neue N zu bekommen, errechnen wir nun den Quotienten $106\,630/(300 \cdot 21^2)$, der erkennbar eine 0 vor dem Komma hat. Also muss auch unser nächster Wert $N = 0$ sein.

Damit haben wir es geschafft bis zu:

$$
\begin{array}{l}
\sqrt[3]{9'367{,}630} = 21{,}0 \\
\underline{8} \\
1367 \\
\underline{1261} \\
106630 \\
\underline{0} \\
106630000
\end{array}
$$

Und nach demselben Strickmuster kann es bei Bedarf weitergehen. Soll noch die nächste Dezimale produziert werden, updaten wir zu $Z = 106\,630\,000$ und $L = 210$ (ohne den Dezimalpunkt) und berechnen als Erstes den Richtwert $106\,630\,000/(300 \cdot 210^2)$, der etwas größer als 8 ist. Und $(300 \cdot 210^2 + 30 \cdot 210 \cdot 8 + 8^2) \cdot 8 = 106\,243\,712$. Ersetzt man darin die 8 durch eine 9, erhält man den Wert $119\,581\,029$, der aber die Marke $106\,630\,000$ überschreitet. Damit ist dieses Looping abgeschlossen. Die nächste Dezimale unserer Rechnung ist demnach eine 8, und wir können mitteilen, dass

$$\sqrt[3]{9367{,}630} = 21{,}08\ldots$$

In der Tat liegen wir damit richtig, denn jeder kompetente Taschenrechner bestätigt uns gerne, dass

$$\sqrt[3]{9367{,}630} = 21{,}0802\ldots$$

So viel zu diesem Looping-Verfahren für Kubikwurzeln.

Hoch und höher

Mit ein paar recht exzessiven Gedanken wollen wir das Thema Wurzelbehandlung ausklingen lassen. Und zwar mit dem Ziehen von fünften Wurzeln. Ohne lange herumzumäandern, legen wir gleich los mit einem Rezept, das sich René Quinton ausgedacht hat. Die Vorbereitungen bestehen darin, ein paar magische Zahlen im Arbeitshirn abzuspeichern. Es sind erst mal nur fünf:

$$1, 3, 24, 100, 300$$

Dies sollte machbar und nicht weiter schwierig sein. Von den fünf abgespeicherten Zahlen steht die 1 für $100\,000$ und die vier anderen Zahlen stehen für Millionen: Die 300 bedeutet also eigentlich $300\,000\,000$ und die 24 ist als $24\,000\,000$ zu lesen.

Sich selbst ziehende Wurzeln

Allein mit diesen fünf Zahlen, ohne irgendeinen theoretischen Überbau, können wir die fünfte Wurzel aus ganzen Zahlen ziehen, wenn diese Wurzel kleiner als 60 ist. Also für Zahlen unter dem Wurzelzeichen bis etwa 700 Millionen. Mehr als eine Kurzüberlegung ist dafür nicht nötig. Das Zahlen-Quintett und die Kurzüberlegung bilden nämlich ein sehr effektives Tandem-Team.

Schauen wir uns an, wie es arbeitet für

$$\sqrt[5]{69\,343\,957}.$$

Das ist die fünfte Wurzel aus rund 69 Millionen. Die Fünf-Zahlen-Methode erlaubt eine zauberhaft schnelle Lösung. Und man kann das Ganze tatsächlich auch als Zaubertrick des Schnellrechnens zelebrieren. Während jemand die zu bewurzelnde Größe vorliest, zählt man an den Fingern ab: 1, 3, 24, 100 und erkennt sofort, dass das führende Ziffernpaar 69 bei der Abzählung zwischen dem 3. und 4. Finger liegt. Dies wiederum bedeutet nichts anderes, als dass die Zehnerstelle der fünften Wurzel eine 3 sein muss. Wie raffiniert ist das denn? Und kinderleicht, oder?

Kinderleichter noch geht's sogar für die Einerstelle der Lösung: Denn das ist einfach die Endziffer der Ausgangszahl selbst. Und schon ist man fertig, bevor es richtig begonnen hat: 37 ist die gesuchte Lösung. Für diese wunderbare Unbeschwertheit muss es auf jeden Fall einen Karmapunkt geben.

Bei Radikanden kleiner als 100 000 ist die Zehnerstelle 0, die Lösung ist einstellig und direkt gleich der letzten Ziffer der Ausgangszahl. Einfacher geht's nimmer! Und schneller Wurzeln war nie! Deutlich wird das Gesagte zum Beispiel an

$$9^5 = 59\,049.$$

Dasselbe Prinzip ist fortsetzbar in den Bereich von fünften Wurzeln zwischen 1 und 100, also Ausgangszahlen unter dem Wurzelzeichen zwischen 1 und 10 000 Millionen.

Dazu muss man sich aber noch ein paar Zahlen mehr merken. Aber der Aufwand lohnt sich:

777, 1500, 3000, 6000, 10 000 (in Millionen)

Ansonsten: same procedure. Prüfen wir sie wieder an einem Beispiel:

$$\sqrt[5]{992\,436\,543}$$

Die zu bearbeitende Zahl ist also rund 992 Millionen. Wieder wird an den Fingern abgezählt, beginnend mit der Zahl 6 für 777, der 7 für 1500, ... Die Zahl 992 liegt zwischen dem 6. und dem 7. Finger. Die Zehnerstelle der Lösung ist deshalb eine 6. Und die Ziffer 3 am Ende der Ausgangszahl ist gleichzeitig die Einerstelle der Lösung. Ergebnis: **63**.

Kein großer Aufwand, oder? Sondern im Gegenteil fast ein Do-it-yourselfie: Geht die fünfte Wurzel glatt auf, zieht sie sich nahezu von selbst. Das glatte Ziehen fünfter Wurzeln ist dann fast schon eine Art Münchhausen-Mathematik.

Über die fünfte Wurzel ist damit alles gesagt, was ich sagen wollte. Und es ist Zeit, die Wurzeln abzuschließen. Der Abschluss ist abenteuerlich. Zwar gibt's keine weitere mentale Wurzelzug-Seilwinde quasi als Abenteuermodul, aber immerhin die Anregung für die Behandlung noch viel hartnäckigerer Wurzeln.

Denn im Prinzip könnt ihr mit dem letzten Verfahren auch die 9., 13., 17. und 21. Wurzel ziehen, sofern ihr die Markierungspunkte für die verschiedenen Zehnerstellen anpasst ... .

8. Loco Logarithmico

Logarithmen sind ein bisschen verrückt, oder *loco* wie die Spanier sagen. «Loco Logarithmico» würde ich es in angetäuschtem Altspanisch formulieren.

Anders ausgedrückt: Logarithmen sind mythologische Objekte. Ein Logarithmus ist wie ein Zauberstab im Reich der mathematischen Operationen. Mit ihm kann man Multiplikationen in Additionen umwandeln, Divisionen in Subtraktionen und das Potenzieren in eine Multiplikation. Mit Logarithmen geht das sogar ziemlich leicht von der Hand, so wie es sich für einen guten Zauberstab gehört. Wie das genau funktioniert und wie man das noch dazu im Kopf machen kann, das sehen wir jetzt.

Logarithmus, wer bist du?

Einem Grundschulkind die Logarithmen erklären, das geht natürlich nicht mit der abstrakten Definition von Logarithmen. Denn die Definition ist knallhart. Schonungslos erklärt sie:

Als Logarithmus einer gegebenen Zahl zu einer bestimmten Basis wird jener Exponent bezeichnet, mit dem die Basis potenziert werden muss, um die gegebene Zahl zu erhalten.

Mathe-Making im Aufräum-Modus

Was zum Teufel heißt denn das? Nach diesem Statement sind die meisten von uns nicht wirklich schlauer. Coolere Leute als ich würden vielleicht sagen, die Definition sei justinbieberwidrig. Das mag so sein. Sicher ist jedenfalls: Was den Stoff in der Schule betrifft, muss die Mathematik endlich aufräumen mit einigen staubtrockenen Definitionsleichen in ihrem Gruselkabinett der Abstraktionen. In diesem Kapitel ist denn auch Mathe-Making im Aufräum-Modus angesagt.

Halten wir also fest: Die gegebene Definition passt eher in ein Grusical als in eine muntere Logarithmen-Show. Das Wort mit G im letzten Satz stammt übrigens von mir. Wie überhaupt die aufmerksamen Leser, also natürlich ihr alle, bemerkt haben mögen, dass ich für dieses Buch schon eine Reihe von Worten neu erfunden habe, aber leider nicht so viele wie James Joyce für seinen Ulysseus.

Schieben wir also die obige Definition nach anhaltender Kritik wieder zurück in den word processor. Und versuchen es mit einem grundschulkinderfreundlichen Ansatz. Logarithmieren im Freund-Modus wird jetzt angestrebt.

Den Logarithmus kann man nämlich von seinem hohen Sockel leicht herunterholen. Letztlich stellt er uns eine sehr einfache Frage. Und diese Logarithmusfrage ist genau das Umgekehrte von dem, was man sich bisher meist gefragt hat. Gefragt wird jetzt nicht mehr, was zum Beispiel beim Produkt $2 \cdot 2$ oder $2 \cdot 2 \cdot 2$ oder $2 \cdot 2 \cdot 2 \cdot 2$ als Ergebnis herauskommt. Nein! Sondern vielmehr umgekehrt: wie viele Zahlen 2 ich in $2 \cdot 2 \cdot …$ brauche, bis 8 herauskommt.

Die Antwort ist simpel: Ich brauche die 2 als Faktor genau *dreimal*, denn $2 \cdot 2 \cdot 2$ ist genau 8. Und diese Zahl 3 ist dann der Logarithmus. Genauer gesagt ist es der Logarithmus zur Basis 2 von 8. In Zeichen:

$$\log_2 8 = 3$$

Manchmal wird die Basis auch weggelassen, wenn sie aus dem Zusammenhang heraus klar ist.

Die mit am häufigsten berechneten Logarithmen sind die zur Basis 10. Und nach unserem grundschulfreundlichen Einstieg ist es jetzt offensichtlich, dass der Zehnerlogarithmus von 100 gleich 2 ist und der von 1000 gleich 3, weil nämlich $10 \cdot 10 = 100$ und $10 \cdot 10 \cdot 10 = 1000$ sind.

Damit werden selbst die Schulkinder logarithmenschlau. Und auch wir alle sind einen deutlichen Deut gescheiter, nicht wahr?

Lassen wir das erst einmal sacken und gehen ein paar Jahrhunderte zurück in die Geschichte. Die Entdeckung der Logarithmen kann auf das Jahr 1614 datiert werden, als der britische Mathematiker John Napier sein Hauptwerk darüber veröffentlichte.

Seine Motivation bestand darin, extrem langwierige, eintönige und zudem fehlerprovozierende Multiplikationen mit großen Zahlen, die oft in der Astronomie auftraten, zu vereinfachen, und zwar durch Zurückführen auf die viel einfacheren Additionen. Diese Möglichkeit wird eröffnet durch das grundlegende Logarithmengesetz, das für jede Basis gilt:

$$\log(x \cdot y) = \log(x) + \log(y)$$

Genial! Der Logarithmus eines Produkts ist einfach die Summe der Logarithmen der beteiligten Faktoren.

Mit Logarithmen konnten Astronomen fortan in einer blauen Stunde mehr Berechnungen erledigen, als sie sonst an einem ganzen trüben Tag zustande bringen konnten. Insofern und in diesem Sinne hatte John Napier mit seiner grandiosen Erfindung das Leben der Kosmos-Kundigen mindestens verdutzendfacht.

Und auch Napiers zeitgenössische Mathematikkollegen fuhren darauf ab. Ja, mehr noch: So begeistert war zum Beispiel Professor Henry Briggs von dem neuen mathematischen Instrument, dass er eine beschwerliche 400 km lange Reise auf sich nahm, um John Napier eigens in Edinburgh zu besuchen. Briggs hatte Logarithmen als ein ungemein nützliches Instrument erkannt, um das Rechnen mit sehr großen und sehr kleinen Zahlen übersichtlich zu gestalten. So braucht man etwa zur Erfassung aller Größenordnungen des Universums nicht mehr als nur zweistellige Zehnerlogarithmen. Gewaltige Größen und enorme Winzigkeiten werden durch Logarithmen in benutzerfreundliche Bereiche transportiert.

Noch etwas anderes: Die Intensitäten vieler unserer Sinneseindrücke nehmen in Abhängigkeit von der Reizstärke nicht so zu, wie die Reizstärke selbst zunimmt, sondern so, wie die Logarith-

men der Reize zunehmen: also in gleichbleibendem Verhältnis bei gleichen Zunahmen der Reizstärke.

Entsprechend gut gewählt ist auch das dem Griechischen entstammende Wort «Logarithmus». Auf Deutsch bedeutet es so viel wie Verhältniszahl. Zwei Zahlen a und b stehen in demselben Verhältnis wie zwei andere Zahlen c und d, formal also $a:b=c:d$, genau dann, wenn die Unterschiede ihrer Logarithmen gleich sind, also dann, wenn $\log(a) - \log(b) = \log(c) - \log(d)$.

Man kann sich vorstellen, dass Logarithmen viele Nützlichkeiten haben: Sie schließen von einer Ursache auf die Wirkung zurück, sie stellen eine Beziehung zwischen Output und Input her. So etwa bei Wachstumsprozessen: Wenn der Kurs einer Aktie bei 1000 Euro liegt und innerhalb von 5 Jahren auf 2000 Euro wächst, dann findet der Logarithmus eine mögliche Ursache für diesen Effekt. Ein in jedem dieser 5 Jahre eintretendes Wachstum um den Faktor q würde nämlich diese Wirkung erzielen, wenn q der Gleichung

$$\log(q) = \frac{1}{5} \cdot \log\left(\frac{2000}{1000}\right)$$

genügt, was $q = 1{,}149$ verlangt. Die 5-malige Multiplikation des Anfangskurses 1000 mit diesem Faktor 1,149 bewirkt die Kursverdopplung auf 2000:

$$1000 \cdot 1{,}149 \cdot 1{,}149 \cdot 1{,}149 \cdot 1{,}149 \cdot 1{,}149 \approx 2000$$

Wichtige Aspekte unserer Erfahrungswelt lassen sich nach dem Gesagten mit Logarithmen von Zahlen besser erfassen als mit den Zahlen selbst.

Deshalb spielten Logarithmen nach ihrer Entdeckung sofort eine überragende Rolle in der Mathematik. Festgehalten wurden sie anfangs in Logarithmentafeln. Für mehr als 300 Jahre sollten sie ein wichtiges Hilfsmittel aller praktizierenden Mathematiker sein. Doch Logarithmentafeln gibt es, ganz so wie lange lila Latzhosen, nur noch im Haus der Geschichte. Vor einem halben Jahrhundert wurden sie durch den Rechenschieber abgelöst.

Logarithmen sind gut für uns. Um den Umgang mit ihnen zu lernen, ist man nie zu alt oder altmodisch. Auch nicht zu schön, zu jung, zu wild oder zu einsam. Logarithmen sind für Lonely Lolitas genauso wie für Junge Wilde. Alle können gleichermaßen von ihnen profitieren. Und hat man sich mit Logarithmen erst einmal angefreundet, wird man mit wunderbaren Anwendungen belohnt.

So basiert zum Beispiel eines der fundamentalen Gesetze des Zahlenuniversums auf Logarithmen und ihren Eigenschaften. Die Geschichte seiner Entdeckung bereichert jede akademische Anekdotentombola.

Diese Geschichte beginnt bei Logarithmentafeln. Wenn man früher Logarithmen brauchte, schlug man sie dort nach. Der Physiker Frank Benford hatte vor rund einem Jahrhundert etwas Ungewöhnliches an seinen Logarithmentafeln bemerkt: Die ersten Seiten der Tafeln waren weit mehr abgenutzt als die mittleren und letzten Seiten.

Eine mögliche Erklärung dafür könnte sein, dass die Logarithmen von Zahlen mit der Anfangsziffer 1 weitaus öfter in den Tafeln nachgeschlagen wurden als von Zahlen mit größeren Anfangsziffern. Was wiederum bedeuten würde, dass Zahlen mit einer Anfangsziffer 1 häufiger in den Anwendungen vorkommen als solche mit einer anderen Anfangsziffer. Frank Benford sammelte Unmengen von Daten: über die Länge von Flüssen, über physikalische Konstanten, Einwohnerzahlen von Ortschaften, Kurse von Aktien und über vieles, vieles mehr. Immer fand er genau das bestätigt: Bei den Zahlen aller Datensätze kam die 1 vorne tatsächlich am häufigsten vor.

Und mehr noch: Benford stellte aufgrund seiner Beobachtungen und Analysen fest, dass in diesen Datensätzen die Häufigkeit der Zahlen mit Anfangsziffer d in etwa gleich dem Zehnerlogarithmus von $1 + 1/d$ war. Das bedeutet, dass die Wahrscheinlichkeit für eine Anfangs-Eins etwa sechsmal so groß ist wie die für eine Anfangs-Neun. Das ist absolut irre, unerwartet und überraschend. Überpointiert und humoristisch formuliert sind also die Geschichten aus *1001 Nacht* weitaus wahrscheinlicher als *99 Luftballons* oder *Ali Baba und die 40 Räuber.*

Dieses krasse Übergewicht einer führenden 1 bei den Zahlen im Zahlenkosmos wird aber im Nachhinein plausibel. Nehmen wir eine Aktie, deren Kurs bei 1000 liegt. Damit ihr Kurs den Bereich mit der Anfangsziffer 1 verlässt, muss sich der Aktienkurs auf 2000 verdoppeln, also um 100 Prozent steigen. Ganz anders verhält es sich, wenn der Kurs bei 9000 steht, mit der Anfangsziffer 9. Auch hier wird mit einem Anstieg von 1000 der 9er-Bereich verlassen, was aber prozentual nur einen Anstieg um 11 Prozent erfordert. Insofern ist der Abstand von 1000 bis 2000 relativ gesehen weitaus größer als der Abstand von 9000 bis 10 000, obwohl er absolut betrachtet gleich groß ist.

Damit verlassen wir den intellektuellen Casual-Bereich und geben noch eine andere, etwas mathematischere Erklärung: Wenn es tatsächlich ein mysteriöses universelles Häufigkeiten-Gesetz der Anfangsziffern gibt, dann gilt es unabhängig davon, mit welchen Einheiten die Größen gemessen werden, ob in Kilometern oder

Meilen zum Beispiel. Nun ist es so, dass Übergänge zwischen diesen und den meisten anderen Messskalen durch Multiplikation der Messwerte mit einer Zahl s bewirkt werden.

Schreiben wir $x = m \cdot 10^n$ für einen Messwert, dann ist die Anfangsziffer von x dieselbe wie die der Zahl m, die immer im Bereich von 1 bis kleiner 10 gewählt werden kann. Wird nun mit einer beliebigen Zahl s zwischen 0 und 1 multipliziert, dann gelangt man zu $y = xs = ms \cdot 10^n$. Falls zufällige Zahlen x und xs dieselben Häufigkeiten bei den Anfangsziffern haben, dann auch $\log(m)$ und $\log(ms) = \log(m) + \log(s)$. Falls eine zufällige Zahl (wie hier $\log(m)$) und die um das zufällige $\log(s)$ verschobene Zahl dieselben Verteilungen haben, dann geht das nur, wenn die Zufallsgröße $\log(m)$ in gleich lange Teilbereiche mit jeweils derselben Wahrscheinlichkeit hineinfällt.

Diese Überlegung verdeutlicht, dass x die Anfangsziffer 1 genau dann hat, wenn auch m die Anfangsziffer 1 hat, falls also $\log(m)$ kleiner als $\log(2)$ ist, was wegen der Gleichverteilung mit Wahrscheinlichkeit $\log(2) = 0{,}301\ldots$ der Fall ist. Das ist eine der Wahrscheinlichkeiten $\log(1 + 1/d)$ der Benford-Verteilung, nämlich für $d = 1$. Die anderen Wahrscheinlichkeiten ergeben sich entsprechend. Die Ziffer 9 ist die unwahrscheinlichste Anfangsziffer mit ihrer Wahrscheinlichkeit $\log(1 + 1/9) = 0{,}045\ldots$. Irgendwie ist sie wohl die einsamste Ziffer.

Was kann man mit der Benford-Verteilung machen beziehungsweise, was wird bereits damit gemacht?

Höchst interessante Dinge: Wenn so viele Datensätze in der Realität, insbesondere solche, die ihre Werte über mehrere Zehnerpotenzen verstreut haben, benfordartig sind, dann kann man Manipulationen an diesen Datensätzen oft mit der Benford-Verteilung aufdecken.

Es ist tatsächlich schwer, Daten zu frisieren. Das liegt daran, dass Datenmanipulateure oft keinen blassen Schimmer von der Benford-Verteilung haben und es ihnen deshalb nahezu unmöglich ist, Daten so zu fälschen, dass ein Benford-Test bei der Fälschung nicht argwöhnisch wird.

Eine Versuchung zur Trickserei besteht bekanntermaßen bei

Ich habe eine unerklärliche Angst vor geschlossenen Räumen, offenen Plätzen und der Benford-Verteilung.

Steuererklärungen. Deutsche und amerikanische Finanzbehörden und Wirtschaftsprüfer setzen schon seit einigen Jahren Software ein, die Abweichungen von den Benford-Wahrscheinlichkeiten registriert und dann Alarm schlägt. Das kann die Behörde dazu veranlassen, eine genaue Prüfung der Steuererklärung vorzunehmen und zum Beispiel Belege anzufordern. So konnten schon des Öfteren Steuerbetrüger enttarnt werden. Und das allein mit dem Auszählen von Anfangsziffern auf ihren Steuererklärungen. Wow! Wie cool ist das denn?

Habt ihr in den Tiefen eures Unterbewusstseins mit einer solchen Anwendungsmöglichkeit von Logarithmen gerechnet?

Wahrscheinlich nicht, oder?

Wie man sieht, sind Logarithmen für so manche Überraschung gut. Es gibt noch viele andere faszinierende Anwendungen. Und insofern ist es nützlich und macht Spaß, stressfrei mit ihnen umgehen zu können. Deshalb zeige ich jetzt eine Methode, wie man Logarithmen schnell und freihändig im Kopf ausrechnen kann.

Nehmen wir wieder die Zehnerlogarithmen. Um den Zehnerlogarithmus einer beliebigen Zahl recht genau im Kopf und ohne Hilfsmittel anzunähern, muss man diese beliebige Zahl zuerst in der wissenschaftlichen Schreibweise aufschreiben, nämlich als Produkt eines Faktors zwischen 1 und fast 10 und einer Zehnerpotenz. Zum Beispiel, weil sie so schön ist und warum auch nicht, die Zahl 2017. Ihre wissenschaftliche Schreibweise ist das Produkt $2{,}017 \cdot 10^3$. Man zieht also eine Zehnerpotenz so heraus, dass ein Faktor zwischen 1 und 10 verbleibt.

Ist man so weit gekommen, sollte man sich an die Beziehung

$$\log(a \cdot b) = \log(a) + \log(b)$$

erinnern. Bei der wissenschaftlichen Schreibweise bringt sich dieses Rechengesetz besonders leicht ein, denn der Zehnerlogarithmus einer 10 mit Hochzahl ist natürlich einfach die Hochzahl selbst, die sofort abgelesen werden kann. Also ist der Zehnerlogarithmus

$$\log(10^3) = 3.$$

All dies bedeutet, dass man nur die Zehnerlogarithmen der Zahlen von 1 bis 10 kennen muss. Und zwar annähernd. Die aber sind alle leicht zu erhalten, wenn man einige wenige Logarithmen parat hat:

$$\log(2) = 0{,}301$$
$$\log(3) = 0{,}477$$
$$\log(7) = 0{,}845$$

reichen vollkommen aus.

Spornstreichs kann man damit viele andere Logarithmen ausrechnen, einfach durch Produkt- und Quotientenbildung aus den Zahlen 2 und 3 und 7. Wegen $4 = 2 \cdot 2$ ist sofort schon mal

$$\log(4) = \log(2) + \log(2) = 0{,}301 + 0{,}301 = 0{,}602.$$

Ähnlich leicht erhältlich sind

$$\log(5) = \log\left(\frac{10}{2}\right) = \log(10) - \log(2) = 1 - 0{,}301 = 0{,}699$$

$$\log(6) = \log(2) + \log(3) = 0{,}778$$

$$\log(8) = \log(2) + \log(2) + \log(2) = 0{,}903$$

$$\log(9) = \log(3) + \log(3) = 0{,}954$$

Wie geschickt ist das denn? So geschickt, dass es fast schon sexy ist. Logarithmieren als Flirten mit Zahlen.

Und mit ein bisschen zusätzlicher Geschicklichkeit kommt man auch zu Zahlen dazwischen. Die Logarithmen von Zwischenwerten erhält man, indem man die Logarithmen zwischen den bekannten Stellen geradlinig fortsetzt. Der Logarithmus von dem oben benötigten Wert 2,017 ist leicht zu haben, wenn man berücksichtigt, dass dieser Wert rund ein Sechzigstel des Weges zwischen 2 und 3 liegt und somit der zugehörige Zehnerlogarithmus auch etwa ein Sechzigstel des Weges von 0,301 in Richtung 0,477 liegt. Folglich lässt sich sagen, dass

$$\log 2{,}017 \approx 0{,}304.$$

Keine schlechte Annäherung. Denn der auf vier Nachkommastellen genaue Wert eines Taschenrechners meines Vertrauens liegt mit 0,3047 genau in der Spur.

Nehmen wir noch eine zweite Annäherung:

$$\log 8{,}37 \approx 0{,}920$$

Die stellt sich ein, wenn bedacht wird, dass 8,37 bei etwa einem Drittel des Weges von 8 nach 9 liegt. Folglich gehen wir vom Logarithmus von 8 (also von 0,903) ein Drittel des Weges zum Logarithmus von 9 (also von 0,954). So gelangt man zum Wert 0,920. Taschengerechnet gilt $\log 8{,}37 \approx 0{,}9227$. Auch hier besteht kein Grund zur Klage.

All das ist ein Bonustrack und insofern ein kurzes Zwischenspiel, um für einen Moment auszuruhen. Hier ist noch ein weiterer

Gedankensplitter für einen weiteren Ausruhmoment. Und persönlich wird's dabei auch noch:

Mein Lieblingslogarithmus

Ach ja, die Logarithmen. Sind sie nicht eine wunderbare Erfindung? Ja, das sind sie. Und einer von allen Logarithmen hat es mir ganz besonders angetan. Irgendwie ist er der schrulligste und lustigste. Eine Art Lachlogarithmus. Unter allen unendlich vielen Zehnerlogarithmen ist er mein heimlicher Freund:

$$\log 237{,}5812087593 = 2{,}375812087593$$

Somit zeigt er uns einen der magischen Zahlenzufalls-Orte im Zahlenkosmos.

Gut? Gut! Und wir sind mathe-happy.

Noch mehr Bonusmaterial

Nun wollen wir etwas ausführlicher sehen, wie man mit Logarithmen rumrechnen kann. Oder zumindest ein wenig von dem erleben, was man mit ihnen alles ausrechnen kann. So lassen sich mit ihnen erfreulicherweise auch Wurzeln ziehen. Das wollen wir tun, nachdem wir uns mit dem folgenden Einschub emotional in die richtige Stimmung gebracht haben.

Eine meiner unausgelebten Fantasien

Die allermeisten Logarithmen haben für mich etwas Schwerblütiges. Ausnahme: siehe oben. Vielen Logarithmen fehlt die lockere Leichtigkeit, die zum Beispiel Potenzen haben. Potenzen sind Zen, Logarithmen sind Zen, invers. Für manche Menschen vielleicht aber auch Un-Zen.

Logarithmen verbinde ich eher mit Novemberwetter. Aber selbst dem kann man etwas abgewinnen, wenn die Umstände entsprechend sind, wie zum Beispiel bei einem *Cocktail of Emotions*.

Zutaten:
Kleine Berghütte oberhalb der Schneegrenze
Eine Million Schneeflocken
Johnnie Walker, Black Label
Es ist, wie gesagt, November. Ich sitze auf gut 2000 Meter Höhe auf einer alten Sitzbank vor einer kleinen Berghütte und schaue hinunter ins Tal. Es geht steil bergab. Von unten dringt der Klang von Kirchenglocken schwach an mein Ohr. Dann fängt es an zu schneien. Große, langsam fallende Flocken decken die Welt um mich herum mit einem weißen Flaum zu. Ich gehe in die Berghütte, hole eine Flasche Johnnie Walker und ein Whiskyglas, schaufle mit der offenen Handfläche zwei oder drei Häufchen Schnee ins Glas. Dann kommt Whisky drüber, aber nur so viel, dass nicht der ganze Schnee im Glas schmilzt. Und ich sitze auf der Bank, höre die Glocken, verfolge einzelne Flocken, nippe am Glas und beschäftige mich damit, wie man mit Logarithmen höhere Wurzeln zieht.

Hier also kommt sie, die angekündigte Nachbearbeitung höherer Wurzeln, die glatt aufgehen. Mit Logarithmen kann man solche Entwurzelungen ganz eindrucksvoll gestalten.

Wir hatten schon früher festgestellt, dass die Zahl n^5 und generell alle Zahlen der Bauweise n^{4k+1} immer mit derselben Ziffer enden wie die Zahl n selbst. Das bedeutet dann natürlich auch, dass die $(4k+1)$-te Wurzel einer solchen Potenz dieselbe Einerstelle hat wie die Potenz selbst.

Etwas anders ist es bei Potenzen vom Typ n^3 und generell bei solchen vom Typ n^{4k-1}. Aus der letzten Ziffer von n kann man die letzte Ziffer von n^{4k-1} zwar ebenfalls erschließen, aber der Zusammenhang ist etwas komplizierter, als er eben war:

Einerstelle von n	0	1	2	3	4	5	6	7	8	9
Einerstelle von n^{4k-1}	0	1	8	7	4	5	6	3	2	9

Eine Eselsbrücke für die Tabelle liegt auf der Hand: Entweder bestehen die Spalten der Tabelle aus identischen Ziffern (links, um die Mitte und ganz rechts) oder sie addieren sich zu 10.

Inzwischen dürfte auch den Unaufmerksamsten lange klar sein, dass dieses Buch kein Trockenkurs ist, sondern immer mal wieder auch ein paar saftige Beispiele fürs Learning beim Selber-Doing geboten werden. Und hier ist wieder ein solches Beispiel:

$$\sqrt[7]{94\,931\,877\,133} = ?$$

Nennen wir die Zahl unter der Wurzel einmal N und die gesuchte Zahl, deren Platz momentan noch das Fragezeichen einnimmt, kurz n. Da die letzte Ziffer von N eine 3 ist, muss die letzte Ziffer von n nach unserer Tabelle eine 7 sein. And we are in business. Es geht jetzt nur noch darum, die Zehnerstelle und eventuell andere Stellen zu ermitteln. Das machen wir mit einer kleinen Kalkulation. Zunächst ist

$$N^{1/7} = n$$

und somit nach Logarithmieren mit dem Zehnerlogarithmus

$$\frac{1}{7} \cdot \log N = \log n.$$

Diese Gleichung fungiert für uns als Grundlage. Darauf werden wir gleich aufbauen, und zwar mit jeder Menge Eingrenzungen: Unser Radikand N von knapp 95 Milliarden lässt sich leicht durch Zehnerpotenzen eingrenzen:

$$9 \cdot 10^{10} < N < 10 \cdot 10^{10}$$

Bildet man bei diesen Ungleichungen überall Zehnerlogarithmen, kommt man schnell zu:

$$10 + \log 9 < \log N < 10 + \log 10$$
$$10,95 < \log N < 11$$

Und nun folgt die Division durch 7, um in der Mitte zwischen den letzten Ungleichheitszeichen gemäß unserer Basisgleichung auf $\log n$ zu kommen:

$$1,5 < \frac{1}{7} \cdot \log N = \log n < 1,57$$

Das bedeutet:

$$\log 10 + 0,5 < \log n < \log 10 + 0,57$$

Da $\log 3 \approx 0,47$ und $\log 4 \approx 0,6$ ist, können wir in dieser Ungleichung die Summanden 0,5 und 0,57 durch $\log 3$ und $\log 4$ ersetzen:

$$\log 10 + \log 3 < \log n < \log 10 + \log 4$$

Das ist gleichbedeutend mit:

$$\log 30 < \log n < \log 40$$

Die gesuchte Wurzel n liegt demnach zwischen 30 und 40. Ihre Zehnerstelle ist 3, und ihre Einerstelle kennen wir bereits. Die ist 7. Andere Stellen gibt es nicht. Ergebnis: **37**. Ein wohliges Gefühl macht sich breit.

Mit dem nächsten Einschub kommen wir dem Wohlgefühlgipfel nochmals näher und brechen nach dem Nahezu-Klimax dann aber abrupt ab. Jedenfalls dieses Kapitel.

Mehr Materialien für eine Schule des Staunens

Hier ist wieder so eine Frage, die einen baff macht.
Die 25-te Wurzel einer 44-stelligen Zahl endet auf 3. Wie lautet diese Wurzel?
Ist das Wahnsinn, oder haben wir dafür eine Methode?
Was man nicht alles gefragt werden kann. Schwächere Charaktere als wir würden angesichts dieser Anfrage vielleicht aufgeben. Vielleicht würden auch stärkere Charaktere als wir aufgeben, oder klü-

gere oder praktischere Charaktere. Wir aber tun das nicht, sondern erledigen die Sache in 5 Sekunden. Und das geht mit einem logarithmischen Überraschungsangriff als Mathe-Special-Effect:

Wenn N, wie wir erfahren haben, eine 44-stellige Zahl ist, dann wissen wir auch, dass

$$43 < \log N < 44$$

ist, und nach Division durch 25 sind wir bei

$$\frac{43}{25} < \frac{1}{25} \cdot \log N = \log n < \frac{44}{25}.$$

Außerdem teilt die Aufgabenstellung mit, dass die Einerziffer der Wurzel gleich 3 ist. Das ist doch wunderbar. All we need. Denn wegen

$$\frac{43}{25} = \frac{43 \cdot 4}{100} = 1{,}72$$

und

$$\frac{44}{25} = \frac{44 \cdot 4}{100} = 1{,}76$$

sowie

$$\log 5 \approx 0{,}70$$
$$\log 6 \approx 0{,}78$$

und

$$\log 50 \approx 1{,}70$$
$$\log 60 \approx 1{,}78$$

ist die Zehnerstelle zwingend eine 5. Das Ergebnis kann nur lauten: **53**.

Ging rasend schnell.

Okay, okay, vielleicht habe ich die Zielzeit ein klein wenig verfehlt. Also sagen wir, man kann die 25-te Wurzel einer bis zu 100-stelligen Zahl mit diesem Verfahren in 10 Sekunden ermitteln. Und zwar jederzeit und überall und für jeden, der uns fragen sollte. Doch niemand wird das je tun.

9. Die Kompetenzkeule für jedes Datum

Sag mir doch den Wochentag

Wusstet ihr, dass das Kinderbuch *Alice im Wunderland* von Charles Lutwidge Dodgson (1832–1898) stammt? Der britische Schriftsteller, Fotograf und Mathematiker nutzte dafür aber sein berühmtes Pseudonym Lewis Carroll. Er schrieb auch eine mathematische Arbeit für das bekannte Forschungsmagazin *Nature*, in der er sich damit befasste, zu einem beliebigen Datum den Wochentag auszurechnen. Carroll selbst benötigte nach eigenen Angaben etwa 20 Sekunden, um den Wochentag zu einem vorgegebenen Datum zu ermitteln.

Das ist ein bisschen lang. Und außerdem muss man als Anwender seiner Methode einfach zu viel auswendig lernen. Das trübt das Wohlgefühl bei der Einübung und der Durchführung des Kunststücks etwas.

Statt der Methode von Lewis Carroll möchte ich ein modernes, leichter zu merkendes und fürs Kopfrechnen besser geeignetes Rezept vorschlagen. Es besteht aus sieben simplen Schritten. Etwas viel, meint ihr? Aber nicht doch. Immerhin habt ihr damit den ewigen Kalender aller Zeiten quasi im Kopf. Und bei Bedarf zudem einen passablen Partytrick parat.

Am besten ist es, die sieben Schritte mit einem konkreten Tag durchzuspielen.

Nehmen wir Silvester 2017 als Beispieldatum:

1. Teile die letzten beiden Stellen der Jahreszahl durch 4 und ignoriere den Rest.

(Beispiel: 2017 erfordert $17 : 4 = 4$ Rest 1, was zu 4 führt.)

2. Addiere dazu die letzten beiden Stellen
des Jahres.

(Beispiel: $4 + 17 = 21$)

3. Subtrahiere davon 1 für einen Januar oder Februar
eines Schaltjahres.

(Beispiel: keine Subtraktion für Silvester 2017)

4. Addiere dazu 6 für ein 2000er oder 1600er Jahr,
eine 4 für ein 1700er oder 2100er Jahr,
eine 2 für ein 1800er oder 2200er Jahr und eine 0
für ein 1500er oder 1900er Jahr.

(Beispiel: Für 2017 haben wir jetzt $21 + 6 = 27$.)

5. Addiere dazu den Tag des Datums.

(Beispiel: 31.12. führt zu $27 + 31 = 58$.)

6. Addiere dazu eine Zahl für den Monat nach dem
folgenden Schlüssel:

Jan	Feb	März	April	Mai	Juni	Juli	Aug	Sept	Okt	Nov	Dez
1	4	4	0	2	5	0	3	6	1	4	6

(Beispiel: Die 6 für Dezember ergibt nun $58 + 6 = 64$.)

Das waren genau die 4 Tage, an denen Heintje, unser Datumsrechner, seine Glückskrawatte in der Firma getragen hatte.

7. Dividiere diese Zahl durch 7. Der verbleibende Rest ergibt den Wochentag mit der Zuordnung:

Sonntag	Montag	Dienstag	Mittwoch	Donnerstag	Freitag	Samstag
1	2	3	4	5	6	0

(Beispiel: 64/7 = 9 Rest 1 und das ergibt Sonntag.)

Silvester 2017 wird demnach auf einen Sonntag fallen. Was sagt mein Kalender? Korrekt!

Mit ein bisschen Übung ist der Wochentag mit diesem Algorithmus in Sekundenschnelle berechnet.

Habt ihr Lust, es selbst einmal auszuprobieren?

Hier sind zwei schöne Events von meiner Beispielbörse erfreulicher Daten. Auf welche Wochentage fielen zum Beispiel die Mondlandung (21. 7. 1969) und die Maueröffnung (9. 11. 1989)?

Recycling der Zeit

Die Mode wiederholt sich alle 20 Jahre, sagt man. Kalender wiederholen sich auch. Aber nicht ganz so schnell:
Ein alter Kalender wird ein neuer Kalender nach genau 28 Jahren!
Prüft doch zum Beispiel mit der obigen Methode, ob euer Geburtstag in 2017 auf denselben Wochentag fällt wie im Jahr 2045.

10. Cool-down

Wenn ihr mich fragt, ist Mathematik die allerbeste Glücksdroge fürs Emotionshirn. Und wenn ihr mich nicht fragt, hätte ich das früher oder später in diesem Buch auch noch so gesagt. Es gibt nichts wirklich Vergleichbares. Mathematik erzeugt das absolute Gegenteil der emotionalen Leere eines gottverlassenen Autobahnparkplatzes im novembrig-mecklenburgischen Vorpommern, dessen Kiosk «Zur Zeit geschlossen» ist. Ich hoffe, das ist klar geworden.

Denn das waren sie: gut und gerne zehn Kapitel mit schnellem Kopfrechnen für den eiligen Geist. In diesem Buch ist es jetzt aber doch spät geworden. Aber noch nicht so spät, um sich nicht noch einen letzten Drink zu genehmigen.

Tequila Sunrise

Der Tequila ist das mexikanische Kultgetränk und muss mexikanisch-authentisch pur getrunken werden. Doch in unseren Breitengraden fließt der meiste Tequila in den *Tequila Sunrise Cocktail*, der seinen Namen der charakteristischen Farbabstufung von Gelb über Gelborange und Orange bis zu Orangerot verdankt.

Zutaten:
1 Teil Tequila
4 Teile Orangensaft
1 Spritzer Grenadine
1 Orangenscheibe
Einige Würfel Eis
Schwierigkeitsgrad: simpel

Herstellung:

Tequila, Orangensaft und einige Eiswürfel in einen Shaker geben und gut schütteln. Anschließend die Mischung in ein gut gekühltes Longdrinkglas schütten. Dann die Grenadine vorsichtig ins Glas geben, aber nicht umrühren, sondern sie vielmehr durch die Eiswürfel zu Boden sinken lassen. Zum guten Schluss mit einer Orangenscheibe garnieren.

Und genießen …

… bis die Sonne im Meer versinkt.

Eine mexikanische tequila-affine Weisheit käme jetzt noch gut. Irgendeine Sentenz, die man praktisch sofort auf Kühlschrankmagneten oder Sombreros drucken könnte. Allein mir fällt nichts ein und ich kann kein Mexikanisch. Darum ersatzweise ein Exemplar von Hesse[5] zweitem Ersatzsatz:

«Quidquid latine dictum sit, altum videtur.» (Zu Deutsch: Alles, was auf Lateinisch gesagt wird, klingt tiefsinnig.)

Reicht das, um im Gedächtnis zu bleiben für eine Woche?

Für einen Tag?

Ach, ich weiß nicht. Aber ich habe es jedenfalls versucht.

Anhang

Verwendete und weiterführende Literatur

Bathia, D. (2015): Vedic Mathematics made easy. Jaico, Mumbai.

Brilliant, A. (1998): I'm Just Moving Clouds Today, Tomorrow I'll Try Mountains: And Other More or Less Blissfully Brilliant Thoughts. Woodbridge Press, Santa Barbara.

Cutler, A. (2015): The Trachtenberg Speed System of Basic Mathematics. Souvenir Press, London.

Dambeck, H. (2013): Nullen machen Einsen groß. Spiegel Online.

Handley, B. (2014): Speed Mathematics. Wiley, Milton, Australien.

Hemme, H. (2003): Mathematik zum Frühstück. Mathematische Rätsel mit ausführlichen Lösungen. Vandenhoeck & Ruprecht, Göttingen.

Hesse, C. (2016): Math up your Life. C.H.Beck, München.

Holmes, R. (1970): The magic magic square. Mathematical Gazette, 54, 376.

Kelly, G. W. (1984): Short-Cut Math. Snowball Publishing, Texas.

Langley, E. M. (1896): Solutions: The sum of the digits of every multiple of 2739726 up to the 72nd is 36. Mathematical Gazette, 1, 7, 17 – 21.

Mittring, G. (2011): Rechnen mit dem Weltmeister. Fischer Taschenbuchverlag, Frankfurt a. M.

Nagara, P. N. (1951): Solutions. American Mathematical Monthly, 58, 700.

Pólya, G. (1995): Schule des Denkens. Vom Lösen mathematischer Probleme. Francke Verlag, Tübingen.

Tirthaji, B. K. (1990): Vedic Mathematics. Motilal Banarsidass Publishers, Delhi.

Dank

Mein erster Dank gilt dem Verlag C.H.Beck und seinem gesamten Team für die jederzeit erfreuliche Zusammenarbeit über nun schon zehn Jahre. Hervorheben möchte ich insbesondere meinen Lektor Herrn Dr. Stefan Bollmann für die exzellente Bearbeitung des Manuskripts und dessen Betreuung durch alle Stadien bis zum Erscheinen des fertigen Buches.

Ein großer Dank gilt Alex Balko für die hervorragende zeichnerische Umsetzung meiner Bildideen.

Herzlich bedanken möchte ich mich bei Vlad Sasu für die Erstellung der Abbildungen und die Bearbeitung der Sprechblasen in den Zeichnungen.

Meiner Familie – Andrea Römmele, Hanna Hesse und Lennard Hesse – gilt mein größter und sprachloser Dank.

Autor

Der Autor ist ein Mathe-Macher aus Mannheim. Wer will, mag ihn sich vorstellen als Marlboro-Mann, nur ohne das Cowboy-Zeug, ohne Pferd, Hut, die Kippen und ohne die Kippen-Coolness. Stattdessen macht er Mathe auf Lunge. Und das seit gut dreißig Jahren. Mathemündig wurde er am Rivius-Gymnasium im Südwestsauerland, wo auch sein 1500 Seelen großer Heimatort Neu-Listernohl liegt. Genau hier wurde er die ersten 19 Jahre seines Lebens anfangsgeprägt und zwischendurch immer mal wieder zwischengelagert.

Irgendwann zog es ihn fort: USA (ein Jahrzehnt), Australien (ein Jahr) und (ein Vierteljahr) Kanada. Dort und überhaupt bildete er als Ein-Mann-Mannschaft die Neue Neu-Listernohler Schule der Höheren Mathematik. Wobei es fairnesshalber des Erwähnens wert ist, dass es eine Old School nie gab.

Im Jahr 1991 kehrte der Autor nach Deutschland zurück auf eine Professur für Mathematik an der Universität Stuttgart. Sein Fazit nach jahrzehntelangem Umgang aus nächster Nähe mit der extremsten aller Wissenschaften: «Mathematik ist gut für uns! Wer braucht Yoga?»

Christian Hesse bei C.H.Beck

Math up your Life!
Schneller rechnen, besser leben
2016. 142 Seiten mit 25 Abbildungen. Broschur

Damenopfer
Erstaunliche Geschichten aus der Welt des Schachs
2015. 271 Seiten mit 35 Abbildungen und zahlreichen
Schachdiagrammen und QR-Codes. Pappband

Wer falsch rechnet, den bestraft das Leben
Das kleine Einmaleins der Alltagsmathematik
2014. 217 Seiten mit 73 Abbildungen. Pappband

Warum Mathematik glücklich macht
151 verblüffende Geschichten
5. Auflage. 2014. 346 Seiten mit 93 Abbildungen. Pappband

Das kleine Einmaleins des klaren Denkens
22 Denkwerkzeuge für ein besseres Leben
4., durchgesehene Auflage. 2013. 352 Seiten mit 117 Abbildungen.
Paperback

Christian Hesses Mathematisches Sammelsurium
$1 : 0 = \infty$
2012. 237 Seiten mit zahlreichen Abbildungen. Pappband

Achtung Denkfalle!
Die erstaunlichsten Alltagsirrtümer und wie man sie durchschaut
2011. 224 Seiten mit 61 Abbildungen und 35 Tabellen. Gebunden

Was Einstein seinem Papagei erzählte
Die besten Witze aus der Wissenschaft
3. Auflage. 2015. 234 Seiten mit 55 Abbildungen. Paperback

Verlag C.H.Beck